住房城乡建设部土建类学科专业"十三五"规划教材

高等学校城乡规划专业系列教材

城市设计：
理论与方法

王世福　邓昭华　著

中国建筑工业出版社

审图号：GS 京（2022）0346 号

图书在版编目（CIP）数据

城市设计：理论与方法 / 王世福，邓昭华著 . —
北京：中国建筑工业出版社，2023.4
住房城乡建设部土建类学科专业"十三五"规划教材
高等学校城乡规划专业系列教材
ISBN 978-7-112-28605-8

Ⅰ.①城… Ⅱ.①王…②邓… Ⅲ.①城市规划—建
筑设计—高等学校—教材 Ⅳ.① TU984

中国国家版本馆 CIP 数据核字（2023）第 063407 号

本教材包括"城市设计认识：流变与内涵""城市设计价值：理念和价值观""城市设计
对象：空间与类型""城市设计方法：调研与分析""城市设计编制：目标与内容""城市设计
管控：路径与实践"共 6 章内容，适用于高等学校城乡规划专业的师生、相关行业从业人员
和政府管理人员。

为更好地支持本课程的教学，我们向采用本书作为教材的教师提供教学课件，有需要者
请与出版社联系，邮箱：jgcabpbeijing@163.com。

责任编辑：杨　虹　尤凯曦
责任校对：王　烨

住房城乡建设部土建类学科专业"十三五"规划教材
高等学校城乡规划专业系列教材

城市设计：理论与方法

王世福　邓昭华　著

＊

中国建筑工业出版社出版、发行（北京海淀三里河路 9 号）
各地新华书店、建筑书店经销
北京雅盈中佳图文设计公司制版
北京中科印刷有限公司印刷

＊

开本：787 毫米 ×1092 毫米　1/16　印张：15¼　字数：305 千字
2024 年 9 月第一版　2024 年 9 月第一次印刷
定价：**56.00** 元（赠教师课件）
ISBN 978-7-112-28605-8
（41086）

前言

　　城市设计让生活更美好。它是城乡营建的理念与方法，是城市形态的设计与技术，是空间规划的导则与管理，也是空间营造的哲学与艺术。中国城镇化已走出了一条由快速大规模扩张转向深度品质化的转型路径。新时期经济社会发展伴随着技术手段与学科专业融合，为中国城市设计赋予了新的要求与使命。首先，高质量城乡发展的目标，使"美丽中国"成为城市设计的愿景，也使"以人为本"的城市设计理念重新在推进以人为中心的城镇化过程中找到了定位，城市设计的理论建设愈发重要。其次，科技进步带来了城市设计的调研、设计、管理技术的革新。我国改革开放四十余年为世界城市设计贡献了宝贵的实践经验，对新技术带来的城市设计方法变革进行总结与推广有其必要性。再次，城市设计是个跨学科领域。它不仅在传统的建筑学、城乡规划和风景园林专业中作为基本理念与方法，也逐渐在国土空间、市政交通、生态环境、水务水利、农业农村、社会治理、历史保护、智慧城市等领域不断交叉融合。因此，在整合人类营城经验的基础上，结合多学科探索城市设计的方法与技术，是我国城乡高质量发展的迫切需求。

　　本书旨在为专业初学者、关注城市的爱好者介绍全面翔实、通俗易懂、简便易用的城市设计理论和方法。编写组结合自身近二十年的城市设计研究、工程实践、教学经验；从近百年的现代城市设计理论发展中总结规律；从我国的前沿城市设计实践中总结经验；从本科、研究生教学中汲取学生反馈的学习需求，并尽可能予以归纳。本书的编写材料来源于以下几个方面：经典的城市设计书籍与文献；经典的城市设计案例；编写组近年来积累的城市设计理论研究与工程实践经验。这是一本面向我国城乡规划、国土空间规划、建筑学、风景园林等专业的本科生、硕士研究生的城市设计入门教材，同时适合跨学科学习城市设计或跨专业从事与城市建成环境有关的设计实践的学生、从业人员、管理人员以及关心城市的市民们阅读。

本书围绕城市设计的六大问题展开：

1. 什么是城市设计？

2. 城市设计有什么价值？

3. 城市设计的对象是什么？

4. 城市设计如何调研？如何分析？

5. 城市设计要设计什么？

6. 城市设计如何实施？

本书共分6章：

第1章介绍城市设计的流变与内涵。首先简要介绍了世界现代城市设计的演进；回顾了中国城市设计实践从建筑详细蓝图设计，到城市空间结构塑形，再到城市设计精细化、制度化管理的进阶过程。接着从学科交叉、多学科渗透、学科融贯的角度，阐述了城市设计与相关学科的紧密关系。最后，从三维空间、公共领域、功能组织、历史文脉、自然生态、环境行为、艺术品质、实施过程、数据赋能九个维度，简介了当代城市设计的内涵。

第2章介绍城市设计理念与价值观。设计理念与价值观是指导设计策略及方法的顶层指引。为了使初学者能快速查阅和掌握不同理念和对象的城市设计方法，本章以案例为辅助，介绍了生态城市、海绵城市、韧性城市、紧凑城市、立体城市、新城市主义、城市双修、共享发展八大影响当代城市设计的主流理念。

第3章介绍城市设计的空间与类型。城市空间作为城市设计的核心对象，对其设计方法产生了具体的要求。本章对城市中心区、城市广场、城市滨水区、历史街区、工业遗址、创意产业园、地下空间七种典型常见的城市空间类型进行归纳总结，通过介绍七种类型所对应的具体案例，让读者快速了解不同城市空间的惯常设计手法，并提出差异化的设计理念、技术手段与发展战略。

第4章介绍城市设计的调研与分析。结合传统调研方法及新技术的应用，本章介绍六种常用的调研方法及六种分析方法，涵盖宏观至微观尺度，并覆盖城市设计的多种要素，帮助初学者科学调查城市形态的外在表征及内在动因，为设计策略的制订提供务实、理性的依据。

第5章介绍城市设计编制的目标与内容。城市设计的目标包括以人为本、尊重自然生态本底、延续历史文脉与肌理、建设高品质人居环境以及提供全生命周期的智慧公共服务等，多个目标相辅相成，对城市建设起到引导和控制的作用。成功的城市设计，皆通过对城市形态、空间环境及其相互关系等进行设计干预，内容包含土地综合利用、建筑布局形式和体量、城市公共开敞空间、城市交通系统以及城市家具等多个维度。

第 6 章介绍城市设计管控的路径与实践。城市设计的实施路径是将城市设计的管控及引导内容纳入总体规划和详细规划，并通过规划许可的程序来执行设计控制。城市设计导则作为管控的技术依据，提供导控内容、控制程度和具体的控制要求。本书介绍了部分国内外城市的优秀城市设计管控实践和经验。

特别鸣谢以下参与初稿编写的人员：练东鑫、李依、魏思静、吴若晖、朱雅琴、刘子颖、梁雅捷、李泽盛、张淦燊、曾祥诚。

目录

第 1 章

城市设计认识：
流变与内涵

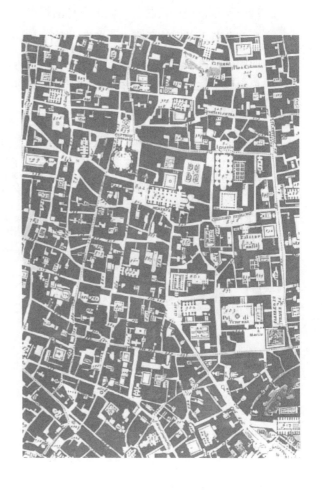

城市设计古已有之，在人类社会发展的历程中，只要有聚居，有城市的兴起，就涉及城市设计议题。但城市设计的提出及城市建设中城市设计方法的运用，是近代工业革命以后的事情。卡米洛·西特（Camillo Sitte）于 1889 年提出的"基于艺术原则的城市规划"、查尔斯·芒福德·罗宾逊（Charles Mulford Robinson）于 1901 年提出的"城镇改造"、美国的城市美化运动（City Beautiful Movement）（图 1-0-1）以及现代市政艺术运动（Modern Civic Art）等，都提倡运用城市设计原则以提升城市公共空间的艺术质量[①]。

图 1-0-1　丹尼尔·H. 伯纳姆（Daniel Burnham）的"芝加哥规划"，标志着城市美化运动的正式开始

资料来源：丹尼尔·H. 伯纳姆 . 芝加哥规划 [M]. 王红扬，译 . 南京：译林出版社，2017.

直到 1950 年代，欧美的大学才开始广泛成立城市设计相关学科，"城市设计"作为一个专业名词开始为世人所认知。1965 年，美国建筑师协会正式使用"Urban Design"这一词汇，标志"城市设计"相对独立地从城市规划与建筑学中区分出来。

① 科斯托夫 . 城市的形成——历史进程中的城市模式和城市意义 [M]. 单皓，译 . 北京：中国建筑工业出版社，2005.

1.1 城市设计的流变

1.1.1 城市设计的历史沿革

1. 世界城市设计的演进

提出阶段：美国城市美化运动后，许多有识之士再次提出城市设计议题，并积极倡导和探索运用城市设计方法与技术来指导城市建设和城市管理。

发展阶段：20 世纪 50—60 年代是美国经济发展的鼎盛时期，大规模的城市重建为现代城市设计学科带来了发展契机。大量的城市重建工程所引发的诸多城市问题，使现代城市设计理论思潮的空前活跃[①]。当时的城市设计理论与实践强调在保证交通体系、经济发展和生态保护的前提下，关注物质空间要素的布局和艺术特色。

独立阶段：自城市设计议题被提出以来，其学科独立性一直是学界争论的焦点。直到 20 世纪 70 年代，城市设计作为一个单独的研究领域才得到普遍认可。自此，城市设计内涵不断被充实，作为独立学科的特征不断显现，并全面发展起来。此时，城市设计的研究重点包括：建筑体块控制与引导系统、大规模的建筑综合体、历史保护与更新、公共空间系统建设、公众参与设计、新城建设、可持续的生长形态等。

2. 中国城市设计的演进

20 世纪 80 年代中期，现代城市设计思想被引入中国。此时中国正值改革开放初期，为适应社会从计划经济向市场经济的转型，满足城市建设多渠道投入的需要，以美国现代城市设计思潮为主体的理论与方法悄然传入，并被国内同行普遍接受。借助城市化进程的加速发展，中国逐渐形成了具有本土化特征的城市设计理论与实践。广东的城市发展是中国城市发展的缩影，下文以广东城市设计的发展作为代表进行介绍。

改革开放四十余年，广东在城市建设工作上塑造了独特的城市风貌（图 1-1-1）。广东城市设计的发展历程，从最早的广州、深圳等代表性城市到今天各市县百花齐放，从塑造城市风貌特色的城市设计目标到今天将城市设计作为一种引导城市建设、管理城市空间的重要公共政策，经历了四个阶段：起步阶段、兴起阶段、成熟阶段和规范化发展阶段。

图 1-1-1 广州新中轴线鸟瞰图

资料来源：fansa65f62d6. 航拍广州——最美城市中轴线. 大疆社区 [EB/OL]. [2017-07-20]. https://bbs.dji.com/thread-141393-1-1.html.

① 刘宛. 城市设计概念发展述评 [J]. 城市规划，2000（12）：16-22.

图 1-1-2　广州天河地区体育中心鸟瞰图
资料来源：方仁林 . 广州天河地区规划构思 [J].
城市规划，1986（1）：43-47.

图 1-1-3　深圳华侨城地区总体规划模型
资料来源：司马晓，孔祥伟，杜雁 . 深圳市
城市设计历程回顾与思考 [J]. 城市规划学刊，
2016（2）：96-103.

　　起步阶段：面向建设的建筑详细蓝图设计。20 世纪 80 年代，根据地方经济社会发展的势态，广东省部分城市开始了城市设计的初步探索，进行了以广州天河体育中心地区综合规划和深圳华侨城地区总体规划为代表的城市设计实践（图 1-1-2、图 1-1-3）。

　　在起步阶段中，城市设计更多地关注重点地区的建筑布局与形态设计。以建筑体量为主体，构造城市结构，并借助这一系列的建筑向城市提供功能空间。实践中以城市设计方案编制为主导，尚未形成成熟的管理标准。

　　兴起阶段：城市空间的结构塑形设计。20 世纪 90 年代初，随着广东城市的快速发展，各城市逐渐追求高品质的城市形象。广州、深圳、佛山等城市为塑造有序的空间结构，尝试对公共空间和街区进行塑形。这个阶段的代表案例包括广州珠江新城片区、深圳福田中心区、佛山千灯湖片区等（图 1-1-4~ 图 1-1-6）。在这一轮的探索中，规划设计开始侧重公共空间的营造，重视城市结构的搭建，城市设计工作也逐渐开始关注其编制、通过的方式以及引导实施的措施。

　　成熟阶段：城市设计的精细化管理。21 世纪以来，城市设计逐步在广东省域得到广泛应用，城市设计的编制呈现快速扩张趋势。与此同时，地方政府也深刻地认知到，城市空间形态管理能提升城市形象，进而吸引更多在地投资。

　　为保证城市设计的有效实施，提升城市的空间品质，广东省各地级市纷纷开展城市设计精细化管理方式的探索。其中，以广州市琶洲西区为代表的"城市设计融入控规"（图 1-1-7）、深圳后海中心区为代表的"空间控制总图"最为典型。

　　广州市琶洲西区在城市设计管理方面采用了精细化的管理方式（图 1-1-8）。首先，为保证城市设计的有效实施，在城市设计编制通过后，以其为基础进行控制性详细规划的编制（图 1-1-9），使城市设计整体空间框架具有法定地位。其次，为保证城市设计细节的有效实施，进一步编制了详细的城市设计图则，纳入控制性详细

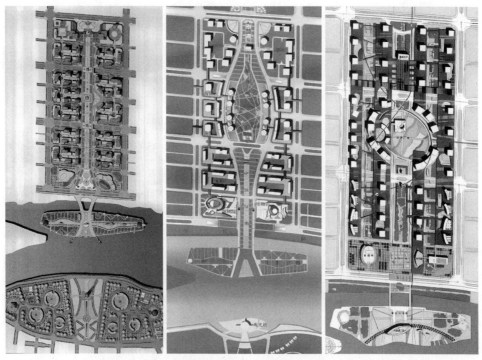

图 1-1-4　1999 年广州珠江新城片区城市设计方案，从左至右依次为同济大学方案、
华南理工大学方案、广州市规划院方案
资料来源："广州新城市中轴线珠江新城段城市设计"咨询方案．

图 1-1-5　深圳市福田中心区城市设计
欧博迈亚方案鸟瞰图
资料来源：广东省住房和城乡建设厅提供资料．

图 1-1-6　佛山千灯湖片区规划平面图
资料来源：广东省住房和城乡建设厅提供资料．

规划并作为土地出让条件的重要依据。最后，在具体开发项目的管控中，广州市开创性地提出了地区城市总设计师制度，在广州国际金融城、琶洲西区等地区率先探索"总设计师制度"，一般由一位具有行业影响力的资深专家领衔，组成服务团队，对责任地区进行整体城市设计，制定城市设计的管控导则或图则，并对地块的具体设计和实施进行品质把关，为责任地区提供全过程、高质量的长期技术咨询服务，以保证城市设计意图的有效落实。

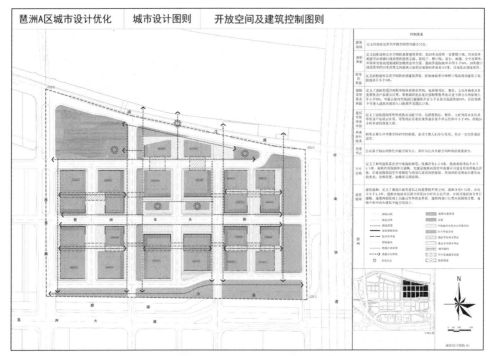

图 1-1-7 《广州市琶洲西区城市设计及控规优化》城市设计图则

资料来源：广东省住房和城乡建设厅提供资料.

图 1-1-8 广州市琶洲西区

资料来源：李焕坤.广州琶洲轨道交通建设提速，地铁 18 号线磨碟沙站开通 [EB/OL].
[2021-09-28]. http://news.ycwb.com/2021-09/28/content_40299219.htm.

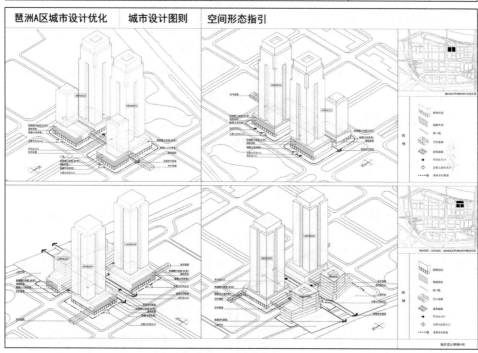

图 1-1-9 《广州市琶洲西区城市设计及控规优化》城市设计图则

资料来源：广东省住房和城乡建设厅提供资料.

后海中心区作为深圳市向海的窗口和城市的滨海门户（图 1-1-10），也进行了精细化城市设计的实施管理。在土地出让前，深圳市编制了《后海中心区街区修建性详细规划》，将《南山后海中心区城市设计》中的管控要素进行深化，并从地块的

图 1-1-10　深圳后海中心区夜景

资料来源：刘博 . 中国广东深圳南山后海中心区夜景 . 全景视觉 . 2023 [EB/OL].
https://m.quanjing.com/imgbuy/ph5349–p04652.html.

角度给出设计指引，作为地块建设的基本依据（图 1-1-11~ 图 1-1-13），既保证了空间的整体性，又保证了单独地块开发的合理性。

广东的实践表明，城市设计精细化管理一般以城市设计作为控规编制和调整的前提、依据和重要支撑，即在控制性详细规划编制前先编制城市设计，以城市设计作为基础进行控制性详细规划的编制，使控制性详细规划的管控内容体现出城市设计的整体管控框架。同时，在发现原有控制性详细规划的控制深度不足时，启动地块层面的城市设计研究，把精细化的研究成果规范化、图则化，并通过改良原有规

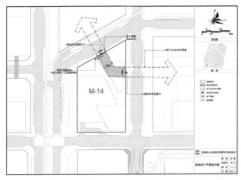

图 1-1-11　《后海中心区街区修建性详细规划》
地下平面设计指引

资料来源：广东省住房和城乡建设厅提供资料 .

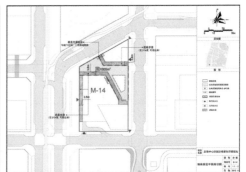

图 1-1-12　《后海中心区街区修建性详细规划》
一层平面设计指引

资料来源：广东省住房和城乡建设厅提供资料 .

划管理体系进行传导。

规范化发展阶段：规范化的城市设计管理。截至 2017 年年底，广东省已实现了 21 个地级市的城市设计实践。以广州、深圳和珠海等为代表的城市已具有较丰富的城市设计编制经验，初步形成了较为规范化的城市设计管理体系。除城市设计项目外，各大城市为完善城市设计管理制度，纷纷开始城市设计管理制度的新探索及城市设计通则、技术规定等文件的编制。

为规范城市设计的管理，广州市人民政府于 2016 年出台了《中共广州市委广州市人民政府关于进一步加强城市规划建设管理工作的实施意见》，提出在重要的地区考虑将城市设计纳入出让条件中，实行会审制度，鼓励建立地区城市总设计师制度以保障城市设计的实施，同时，启动编制了《广州市城市设计导则》，建立起"1+5+N 的导控体系"，从

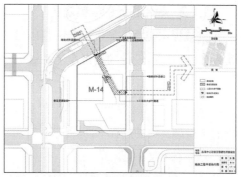

图 1-1-13 《后海中心区街区修建性详细规划》
二层平面设计指引
资料来源：广东省住房和城乡建设厅提供资料.

图 1-1-14 《前海深港现代服务业合作区
2、9 开发单元规划》效果图
资料来源：广东省住房和城乡建设厅提供资料.

街道、建筑、景观、市政设施和交通设施五个层面的 N 个要素对城市设计管控要素的内容进行引导，以保证城市设计能够展现广州市的城市特色。

与此同时，深圳、珠海、佛山、汕头和中山等城市启动了城市设计相关通则和技术文件的编制工作。目前，深圳正在开展《深圳市城市设计管理技术规定》的编制工作，旨在从编制的规范化和技术的标准化方面对城市设计作出明确的要求，以保证城市设计管控内容、成果构成及表达方式等方面的规范化（图 1-1-14）；珠海市正在开展《珠海市城市设计标准与准则》的编制工作，旨在从珠海市自身的城市特色出发，明确具有珠海市地域特色的城市设计管控内容及管控深度；佛山市正在开展《佛山市城市设计通则》的编制工作，从城市设计的编制内容、编制流程、成果要求、成果审批、城市设计实施要求、修改要求等方面作出明确规定，旨在提高城市建设水平，塑造城市风貌特色；汕头正在进行《汕头经济特区城乡规划管理技术规定》的编制工作，旨在规范城市设计从编制到实施的整个流程，明确城市设计的管控要素及内容；中山市正在开展《中山市城市设计管理规定》的编制工作，以规范城市设计从编制到实施的各个环节。

1.1.2　城市设计的学科演变

自被提出至今，城市设计一直以城市的三维空间为主要研究对象。城市是可以被设计的，经过设计的城市生活和城市空间是紧密结合的，在城市问题错综复杂的今天，只有经过设计的城市才有"宜居性"（Livability）。

城市设计内涵的变化大体上经历了"学科交叉""多学科渗透"和"数字时代下的学科融贯"的过程[①]。

1. 学科交叉

1956 年，在美国哈佛大学召开的首次城市设计会议提出，城市设计是一门新兴学科。当时对城市设计比较一致的认识为：城市设计是城市规划和建筑学之间的"桥梁"，关注不同层次的城市公共空间，重点是空间形态、景观序列、家具设施和环境质量（图 1-1-15）。两者之间需要有一位能从三维角度"设计城市而不设计建筑物"的城市设计师。

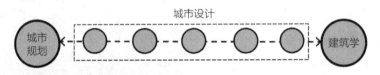

图 1-1-15　城市设计作为城市规划和建筑学之间的"桥梁"
资料来源：作者自绘.

然而，城市规划和建筑学两个学科的学者们对城市设计的认识却不尽相同。建筑师认为城市设计是"大尺度的建筑学"，强调用建筑手段解决城市问题的重要性；城市规划师则认为城市设计是"城市规划一部分内容的延伸"，从城市规划管理角度强调通过导控技术，控制和引导建筑师对具体建设项目的设计。

2. 多学科渗透

随着对城市设计学科认识的深入，越来越多的学者认为城市设计的定位远超城市规划和建筑学之间的"桥梁"。随着城市规模的不断扩大，土地利用、城市安全和环境问题的凸显，人工环境与自然环境的矛盾愈加突出，城市设计过程中越来越多地涉及地理学、景观建筑学甚至跨学科议题，如健康城市、日常生活、城市风廊、全球气候变化等，并由此形成了多学科相互渗透、相互交叉的格局（图 1-1-16）。

其中，"日常生活世界"最早在胡塞尔的晚年著作《欧洲科学的危机及先验现象学》中作为哲学概念被提出，随后海德格尔、哈贝马斯、列斐伏尔等人的关注使其发展成为世纪性话题。在城市设计中，引入日常生活的视角，为人创造较佳场所，已成为众多城市设计师的准则。城市设计转向日常生活视野是避免现代理性大尺度

① ARIDA A. Quantum city[M]. Oxford：Architectural Press，2002.

规划导致的弊端和避免"千城一面"的重要途径。

城市设计与公共健康学科的交叉研究，带来了健康城市的发展。20 世纪 50 年代后随着社会对肥胖、糖尿病、心脏病等慢性病的关注，世界卫生组织提出了健康城市的理念。20 世纪 90 年代至今，健康城市的关注点拓展到公平问题，强调跨学科研究和跨部门合作的重要性。贾森·伯恩教授在《迈向健康城市》中提出工业化城市的卫生问题，催生了公共健康和城市设计学科的结合。健康城市与城市

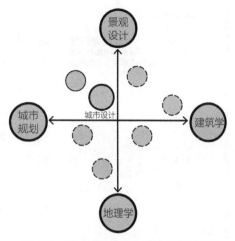

图 1-1-16 城市设计多学科交叉的格局
资料来源：作者自绘.

规划的跨学科研究涉及多个方面，国内研究以不同空间要素健康效应的实证为主，国外的研究领域则涉及空间要素的健康效应、健康城市指标、健康影响评估等多个方面，这也催生了以健康为导向的城市设计倡议和实践（图 1-1-17）。

图 1-1-17 健康城市设计概念图
资料来源：Niall Patrick Walsh. 设计健康城市的六个步骤 [EB/OL].[2019-06-21].
https://www.archdaily.cn/cn/919221/she-ji-jian-kang-cheng-shi-de-liu-ge-bu-zou.

同时，经济学、生态学、行为心理学和人文艺术学科对城市设计学科的渗透也逐渐显现，空间政治经济学、公共管理学、公共政策等学科强调城市环境的形成、管控和对城市生活质量的影响。

亚历山大·R. 卡斯伯特（Alexander R. Cuthbert）于 2003 年出版的《设计城市——城市设计的批判性导读》（*Designing Cities：Critical Readings in Urban Design*，下文简称《设计城市》）一书从空间政治经济学的角度，按照理论、历史、哲学、政治、文化等 10 个方面汇编了已有关于城市设计理论的重要文献（图 1-1-18）。他主张用马克思主义的政治经济学作为理论框架来理解全球化背景下的资本主义城市发展与规划；指出空间具有极大的固定资本吸附能力，该能力为经济的周期性涨落提供了

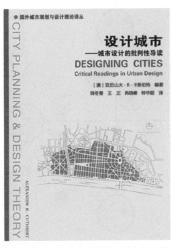

图 1-1-18 《设计城市：城市设计的批判性阅读》封面

资料来源：亚历山大·R.卡斯伯特.设计城市——城市设计的批判性导读[M].韩冬青，王正，韩晓峰，等译.北京：中国建筑工业出版社，2011.

有力的消化手段，城市设计与现代资本运作紧密相连，如香港国际金融中心（IFC）、深圳平安金融中心等（图 1-1-19、图 1-1-20）。

城市设计不仅只有空间规划的内容，也包含了社会经济发展研究的内容，即其作为公共政策的功能与内涵。为应对当下城市设计学科发展与实践的需要，2016 中国城市规划年会上讨论了城市设计的公共政策与城市治理等相关问题，提出了《城市设计基本技术规定（讨论稿）》[①]，有助于厘清城市设计分层次管控的基本内容维度。随后，中国城市规划学会城市设计学术委员会以"制度与创新"为主题，重点提出城市设计的制度建构与创新发展等相关问题，讨论"建立基于城市公共政策体系的城市设计框架"[②]，认为城市设计公共政策体系是全部门、全民众对于城市空间发展的共同认知，代表群体共同的目标，反映社会群体的价值观，是经济、人口、土地和社会发展等各项政策的落实机制，对应空间政策的指引和城市美学价值观。

图 1-1-19 香港国际金融中心

资料来源：深圳创新发展研究中心."一国两制"下的粤港澳大湾区二十年[EB/OL].[2017-12-20].https://m.sohu.com/a/211706390_653311.

图 1-1-20 深圳平安金融中心

资料来源：重大工程案例研究和数据中心.

---

① 2016 中国城市规划年会，东南大学建筑学院教授段进受邀在"机遇·使命·挑战"专题论坛上作题为《管理导向的城市设计技术方法思考》的主题报告。来源于中国城市规划网。

② 2016 年 11 月 19—20 日，在以"制度与创新"为主题的中国城市规划学会城市设计学术委员会 2016 年年会上，北京清华同衡规划设计研究院副院长、总规划师袁牧围绕"建立基于城市公共政策体系的城市设计框架"发表了自己的观点。

近年来，伴随着社会科学与自然科学技术的发展，关于城市空间设计与管理的新思维、新理论及新技术相继涌现，城市设计学科也有意识地从理念、技术、治理等多方面引入其他学科的新方法，以进一步提升城市设计的系统性、科学性和有效性。如融合水科学的城市设计（图1-1-21），从学习引入水科学的角度出发，充分吸收当前全球领先的用水、治水经验，结合规划设计的空间敏感优势，从理念、技术、治理等多方面优化规划设计方法，提出适用于国土空间规划的"城水耦合"规划设计技术集成和规划设计技术优化建议，为我国实现城水共生的美好愿景提供技术支撑。

图1-1-21 《"城水耦合"与规划设计方法》封面

资料来源：王世福，邓昭华．"城水耦合"与规划设计方法 [M]．广州：华南理工大学出版社，2021．

传统规划注重水体为城市带来的空间品质提升，缺乏系统性的水科学知识整合。而水的资源属性、灾害形成机制、生态系统规律、污染防控机理、气候影响规律等对城乡空间有着根本性的影响，但这些往往超越传统规划设计对空间干预的习惯视角。面向城市中复杂的水环境与建成环境，城市涉水空间的规划设计需要城乡规划学、水利工程学等多学科协同支撑，整合水科学知识体系和研究方法，从二维上升到三维，从空间延展到时间，提升空间规划设计的科学性，促进规划设计范式转型，形成融合水科学的城市设计：

（1）从"单一学科"向"学科融合"转变。融合水科学的城市规划重视水科学与城市科学的交叉研究和协同创新，在传统的空间规划设计知识体系中，整合水科学相关的知识与技术，形成城市水文学的理论基础。掌握水的资源属性、灾害防控机制（图1-1-22）、污染控制机理、生态系统规律以及河湖健康评估等原理及方法，完善城乡规划学的学科知识体系，提升规划设计的科学性。

（2）从"单一要素"向"系统整合"转变。传统规划设计仅注重空间品质提升、传统水利工程仅注重安全底线与功能合理，仅凭二者之一均难以导向最佳的涉水空间品质。对于规划设计而言，应坚守传统水利工程的底线思维，依托多要素叠加分析结果，进行空间开发适应性评价，识别城市建成区（图1-1-23），基于此提出城市空间品质提升策略，形成系统性的城市规划设计方案。积极推动城市规划从共享水经济、改善水气候、创新水文化的单维目标，向兼顾涉水规划所关注的管理水资源、防控水安全、治理水污染、修复水生态的多维目标转变，强化城市水环境系统性认知。

（3）从"平面设计"向"空间设计"转变。城市水环境的维度、属性、特征和价值等均体现了城市水环境的复杂性，在传统二维平面的水系形态设计的基础上建

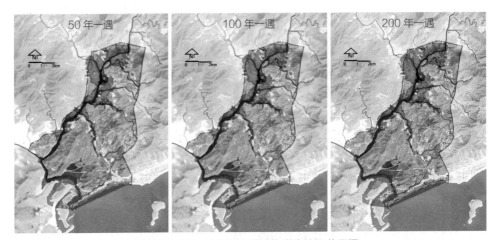

图 1-1-22　城市设计范围内洪水淹没范围图

资料来源：华南理工大学建筑设计研究院 . 深汕特别合作区概念城市设计 [Z]. 2018.

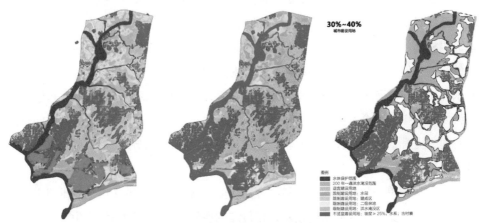

图 1-1-23　现状要素叠加分析与城市建设边界识别

资料来源：华南理工大学建筑设计研究院 . 深汕特别合作区概念城市设计 [Z]. 2018.

立三维立体的空间概念，完善"整体空间设计"方法，具有重要意义。只有综合考虑流域单元内上下游、左右岸、地上地下的前提下进行涉水空间系统性设计，才能根据规划区特点有针对性地实现多方式防洪（图 1-1-24），从而对水量、水质、水生态等水环境要素进行有效、合理干预。

（4）从"方案设计"向"全过程管理"转变。已有研究表明，"城水关系"的发展始终处于动态变化中，规划技术应在传统方案设计注重空间维度的基础上，引入时间维度，从"一站式"规划到"过程式"规划，在前期分析、规划编制、规划实施等环节引入水技术评估，优化规划设计流程，坚持全生命周期、全过程管理的思维。

可见，作为新兴学科的城市设计，已明显表现出跨学科、多学科交叉的特征（图 1-1-25）。以多学科交叉为基础的城市设计，在控制和引导城市空间形成与改造过程中的作用更为有效。

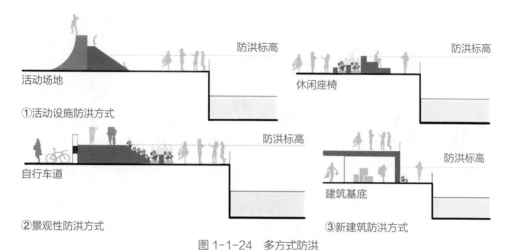

图 1-1-24　多方式防洪

资料来源：华南理工大学建筑设计研究院 . 澳门内港滨水区城市设计 [Z]. 2015.

3. 数字时代下的学科融贯

城市设计逐渐在艺术与技术之间、自然科学与社会科学之间融合，走向多学科交叉渗透的"融贯学科"。近二十年来，在"数字地球""智慧城市"、移动互联网及人工智能的发展下，中国城市设计的理念、方法和技术获得了全新的发展。数字化城市设计基于多源城市大数据的集取、处理和综合性应用，识别与探索城市多重尺度空间肌理的能力，突破了人们日常感知和评判的瓶颈。

城市大数据可理解为：城市数据 + 大数据技术 + 城市空间。信息技术加速

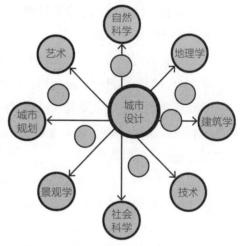

图 1-1-25　城市设计多学科融贯的格局

资料来源：通信产业网 . 中兴通讯：倒立的金字塔，大数据化繁为简 [EB/OL].[2017-03-17]. http://www.ccidcom.com/company/20170317/ns3lhotphitd1bk8q14qv0cupi634.html.

了知识、技术、人才、资金等要素的时空交换与流动，促进了产业重构和空间重组，进而改变了城市或区域的空间格局。数据化的核心理念是"一切都被记录，一切都被数字化"（图 1-1-26）。城市大数据能够在多种网络平台通过购买或爬取的方式获得，比如百度地图开放平台等。

大数据推动城市设计从经验判断走向量化分析，社会资源利用更高效，服务投放更精确。现代城市空间是各种要素交汇、大量信息交融、多种空间交叉的复杂综合体。在城市中，多种功能和信息交汇的节点空间成为城市发展的热点地区，使得传统的城市居住、工作、商服及休闲等空间不断交叉和融合，这是大数据在城市设

图 1-1-26　大数据数据源采集示意图

资料来源：华南理工大学建筑设计研究院 . 均安产业园规划与设计 [Z]. 2019.

计中的运用和表达方式，也是研究城市交通拥堵、碳排放增多、土地浪费等诸多问题的重要途径（图 1-1-27）。

城市设计者可以通过对居民就业、出行、游憩等行为数据进行汇总分析，探索城市居民活动的时空特征及其与城市空间的匹配情况，从而对城市空间结构和用地布局进行合理优化和调整。

随着人们对城市空间需求的多元化发展，静态的城市设计成果已不能适应当代

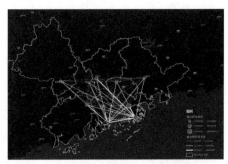

图 1-1-27　粤港澳大湾区各城市在互联网络上的城市联系

资料来源：华南理工大学建筑设计研究院 . 均安产业园规划与设计 [Z]. 2019.

社会的需要，如何以动态的设计成果适应城市发展建设的需求是城市设计研究的关键问题之一。当代城市设计强调"设计决策环境"，其重点是在城市设计实施过程中实现弹性引导技术与引导策略、奖励机制的结合，运用城市大数据总结社会经验，利用奖励机制动态引导建设项目调整，通过评估程序保证城市有机体的循环平衡，满足城市发展建设的需求。

1.2　城市设计的内涵

城市设计（又称都市设计，英文 Urban Design）通常指以城市作为研究对象的设计工作，是介于城乡规划、风景园林与建筑学之间的一种综合设计。与城乡规划的抽象性和政策化相比，城市设计更具空间性和图形化，也更关注城市空间形态的塑造。在中国，城市设计贯穿城乡规划全过程，作为法定规划的补充，更加强调指标和规范以外的空间形态内容，与法定规划共同创造更加美好的城市。

关于城市设计的定义一直是一个争论不休的问题，至今已有多个版本。本书从城市设计的内涵出发，凝练出 9 个维度展开论述。

1.2.1　注重三维空间

城市是立体的，也是随时间发展的。三维空间指客观存在的现实空间，具有长、宽、高三种度量。部分学者认为城市设计与传统的建筑和艺术密不可分。作为近代"城市设计"论的倡导者[①]，伊利尔·沙里宁（Eliel Saarinen）（图 1-2-1）认为"城市设计是三维的空间组织艺术""基本上是一个建筑问题"[②]，这种观点表达了对城市设计传统渊源的理解。类似的观点也在卡米洛·西特（Camillo Sitte）（图 1-2-2）的《城市建设艺术》（*The Art of Building Cities*）[③] 中出现，认为近代城市设计与传统建筑学和形态艺术之间是一脉相承的关系。

当今的城市设计依旧注重对三维空间的解读。丹下健三（图 1-2-3）认为"城市设计是当建筑进一步城镇化，城市空间更加丰富多样化时对人类新的空间秩序的一种创造"[④]；土肥博至则认为，"城市设计是指城市社会的空间设计"[⑤]；梯勃兹领导

图 1-2-1　伊利尔·沙里宁
（Eliel Saarinen，1873—1950 年）

美国著名建筑师、杰出的建筑理论家。伊利尔·沙里宁挚爱大自然，有高深的艺术修养、丰富的建筑创作经验，一部《形式的探索》，贯穿了艺术发展的过去与未来
资料来源：杨生丹 . 埃罗·沙里宁与他的设计：纽约肯尼迪国际机场第五号航站楼 .[EB/OL].[2019-02-13]. https://www.takefoto.cn/viewnews-1702527.html.

图 1-2-2　卡米洛·西特
（Camillo Sitte，
1843—1903 年）

奥地利建筑师、城市规划师、画家暨建筑理论家，被视为现代城市规划理论的奠基人
资料来源：吴吉明 . 探根文艺复兴_西特笔下的意大利 . [EB/OL]. [2015-09-09].https://www.sohu.com/a/31181124_117546.

图 1-2-3　丹下健三
（Kenzo Tange，1913—
2005 年）

日本著名建筑师，曾获得普利兹克奖，被誉为日本当代建筑界第一人
资料来源：一起设计，普象工业设计小站 . 日本斥资千亿办奥运，如今因疫情可能取消？网友：可惜了已完工的体育馆 [EB/OL].[2020-03-19].https://zixun.jia.com/article/852259.html.

---

① 吴良镛 . 序言 [M]//ELIEL S. 城市——它的发展、衰败与未来 . 顾启源，译 . 北京：中国建筑工业出版社，1986.

② ELIEL S. The City：Its growth，its decay，its future[M]. New York：Rein-hold Publishing Corporation，1943.

③ CAMILLO S. The art of building cities[M]. Translated by CHARLES T S. NewYork：Reinhold Publishing Corporation，1945（Originally published in German，in 1889）.

④ 城市问题事典 [M]// 马国馨 . 丹下健三 . 北京：中国建筑工业出版社，1992.

⑤ 土肥博至 . 日本城市设计实践 [J]. 国外城市规划，1987（3）：11-14.

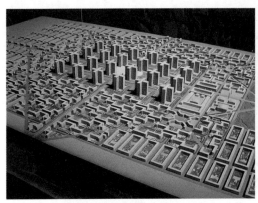 

图 1-2-4　勒·柯布西耶，现代主义的伏瓦生 规划 ❶（巴黎，1925 年）

资料来源：康石石.城市规划设计有哪些令人 印象深刻的经典的设计原则？[EB/OL].[2022- 06-26].https://www.zhihu.com/question/19774386/ answer/2545354104.

图 1-2-5　《城市设计： 美国的经验》封面

资料来源：乔恩·朗.城市 设计：美国的经验 [M].王翠 萍，胡立军.译.北京：中 国建筑工业出版社，2008.

的英国城市设计小组（Urban Design Group）在一份报告中提到，城市设计是"为了人民的工作、生活、游憩而随之受到大家关心和爱护的那些场所的三维空间设计"①（图 1-2-4）。乔恩·朗（Jon Lang）在《城市设计：美国的经验》（*Urban Design：The American Experience*）（图 1-2-5）中将时间维度加入城市设计，强调发展的理念，认为"城市设计关注人类聚居地及其四维的形体布局"②。

由此看来，城市三维空间一直是城市设计的主要对象。在演进中，城市设计已从单纯的"建筑问题"或是"形态艺术的发展"，逐渐转变为关注人类在城市中的体验感和城市空间的丰富度，城市建设的社会意义开始提升。

1.2.2　塑造公共领域

城市公共空间是城市设计的主要工作对象，梯勃兹主张城市设计是公共领域 ❷ 的设计。

城市设计是建筑形体与开放空间在社区环境中的集合③，强调社区公共生活开放空间的重要性，建筑形体仅作为开放空间的界面。在类似观点中，芒蒂恩（C. Moughtin）深入指出，城市

❶ 柯布西耶 1925 年为巴黎所做的伏瓦生规划是以高层的矩阵布局将现代性与传统城市割裂开来，并以未来感与英雄性将其影响力持续到现在，成为现代城市景观的原型。

❷ 所谓公共领域，哈贝马斯意指的是一种介于市民社会中日常生活的私人利益与国家权利领域之间的机构空间和时间，其中个体公民聚集在一起，共同讨论他们所关注的公共事务，形成某种接近于公众舆论的一致意见，并组织对抗武断的、压迫性的国家与公共权力形式，从而维护总体利益和公共福祉。来源：汪民安.文化研究关键词 [M].南京：江苏人民出版社，2007：91.

① 邹德慈.当前英国城市设计的几点概念 [J].国外城市规划，1990（4）：2-5.

② JON L. Urban design：The american experience[M]. New York：Van Nostrand Reinhold，1994.

③ RICHARD T L. Law in urban design and planning：the invisible web[M]. New York：Van Nostrand Reinhold Co.，1988.

设计就是设计与组织相对于私人领域而言更为公共的城市领域（Urban Realm），而私人领域的设计无论在学术研究还是在实践活动中都是建筑师的分内事[①]。

实际上，虽然早期城市设计对象被理解为"很多建筑""建筑之间的空间"[②]等接近艺术领域和建筑学的小规模城市空间，但是近年来一些关于城市设计的宏观定义已宽泛到城市规划领域。例如，卡坦尼斯（A. J. Catanese）等人认为"城市设计是有关城镇化地区的形态的学科"[③]。凯文·林奇（Kevin Lynch）曾提出城市设计要处理"可能的城市环境的形式"[④]，甚至更宽泛地称城市设计是"为聚居地或其重要部分的使用、管理和形成创造可能性的艺术"[⑤]。这样的定义与英国皇家城市规划学会（RTPI）对城市规划的定义"在建成和自然环境中处理变化"[⑥]较为相似，体现了城市设计对公共空间的关注。现实中，古罗马城市空间的诺力地图（图1-2-6）和1991年由德国慕尼黑的建筑师 Heinz Hilmer 和 Christoph Sattler 规划设计的波茨坦广场（图1-2-7、图1-2-8）都体现了城市设计对公共领域的塑造。

图1-2-6　古罗马城市空间的诺力地图（板雕节选部分）❶

资料来源：IAN V，ALLAN C. Giambattista Nolli and Rome[Z]. 2014.

❶图中黑色的部分表示住宅，白色的地方是街道和各种公共建筑的首层平面。通过这样的方式，来呈现城市中各个公共空间之间的连通关系、彼此之间的视觉关联性和过渡方式。各种路线的交叉多会形成一个小的广场，然后广场又作为一个大厅空间，与室内的公共空间呈现明显的延续关系。基于这样的规划模式，整个城市的布局在空间上就形成了一个整体的连贯性，主体建筑被门前较大的市民空间和连续建筑群体或具有"细腻肌理"的街区与广场所衬托，"公共"与"私密"的反差使公共建筑有可能从周围的城市袋形界面中脱颖而出。

1.2.3　强调功能组织

作为现代城市规划的补充，城市设计从根本上关注城市的功能组织。1933年8月，国际现代建筑协会（CIAM）第4次会议通过了关于城市规划理论和方法的纲领性文件——《城市规划大纲》，后被称作《雅典宪章》（图1-2-9），文件指出，城市规划的目的是保证居住、工作、游憩与交

① CLIFF M. Urbanism in Britain[J]. TPR，1992，63（1）.

② 转引自 FRANCIS T. Mind the gap[J]. The Planner，1988（3）：11-15.

③ A J Catanese. 城市规划引论. 转引自：吴良镛. 城市设计是提高城市规划与建筑设计质量的主要途径 [M]// 吴良镛. 城市规划设计论文集. 北京：北京燕山出版社，1988.

④ KEVIN L. Urban Design' 辞条，the new encyclopedia britannica，macropaedia，volume 18，15th edition.

⑤ KEVIN L. Good city form[M]. Cambridge：The MIT Press，1984.

⑥ Royal Town Planning Institute. The education of planners[M]. London：RTPI，1991.

图 1-2-7 波茨坦广场，柏林

资料来源：新土地规划人.案例 | 从"宽街廊、大马路"走向"小街区、密路网"[EB/OL]. [2018-07-02]. https://www.163.com/dy/article/DLO3NANM0521C7DD.html.

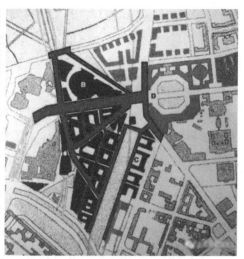

图 1-2-8 波茨坦广场公共领域分析

资料来源：北京规划国土.柏林城市更新——从"宽街廊、大马路"走向"小街区、密路网"[EB/OL]. [2018-07-26]. https://www.sohu.com/a/243464250_732956.

通四大功能活动的正常进行。而关于城市设计的相关定义，最早在美国建筑师协会 1965 年组织编写的《城市设计：城镇的建筑学》中被提到，"城市是由建筑和街道，交通和公共工程，劳动、居住、游憩和集会等活动系统所组成。把这些内容按功能和美学原则组织在一起，就是城市设计的本质"[①]。1970 年英国皇家建筑师协会教育委员会（Board of Education, RIBA）在一份关于城市设计培训证书的报告中说明，"城市设计的主要特征在于对构成环境的物质对象和人类活动的布

图 1-2-9 雅典宪章

资料来源：The CIAM Discourse on Urbanism，1928–1960[M]. Cambridge：MIT Press，2002：115.
即国际现代建筑协会于 1933 年 8 月在雅典会议上制定的一份关于城市规划的纲领性文件——《城市规划大纲》.

置安排。城市设计所处理的空间和要素间的关系基本上是外部的。城市设计关注新开发与现状城市形式的关系，同样关注社会、政治、经济需求和可用资源的关系。它还关心城市发展的不同运动形式的关系"[②]。这个观点表明了城市设计注重对物质和活动的组织，而这些内容涵盖了政治、经济、社会的需求。

① FREDDERIK G，et al. 市镇设计 [M]. 程里尧，译.北京：中国建筑工业出版社，1983.

② Board of Education，RIBA. Report of the Urban Design Diploma Working Group[R]. 1970.

因此，从英国的规划实践角度看，其早期的城市规划就是城市设计。陈占祥❶在《关于城市设计的认识过程》一文中证实了该判断①。而在《不列颠百科全书》中，也明确了"城市设计是指为达到人类的社会、经济、审美或者技术等目标而在形体方面所做的构思，它涉及城市环境可能采取的形体"。1985年版的《简明不列颠百科全书》也将城市设计界定为"对城市环境形态所做的各种合理处理和艺术安排"②。从这些权威性文献的相关定义可以看出，英国的城市设计定义达到一种共识，即城市设计以形体的功能和美学为原则，关注多要素间的组织。

类似的观点也体现在林奇1968年发表的《城市设计与城市形象》（*City Design and City Appearance*）中，他认为"城市设计是对于一个广阔地区内的活动和物体的总体空间布局"③。且在1981年出版的《好的城市形态》（*Good City Form*）（图1-2-10）中，林奇仍然认为"城市设计的关键在于如何从空间安排上保证城市各种活动的交织，从城市空间结构上实现人类形形色色的价值观之共存"④。

回顾这些观点，可见城市设计通过合理组织不同的功能以引导人的行为活动，从而实现设计的初衷（图1-2-11、图1-2-12）。

❶陈先生的文章全然谈的是我们理解的城市规划，但在题目中却用"城市设计（Civic Design）"，可见其学术上的渊源和澄清概念的良苦用心。文末他对概念的来历作了这样的说明："我们在1950年代初学习苏联经验时，苏联专家穆欣同志花了很大的劲，试图向我们说明计划与城市设计的区别。在俄语中，这两个词的区别极其微小，只在字尾有一点儿小区别。翻译岂文彬同志在没有办法的情况下，暂时用了'规划'一词，使之区别于'计划'，结果规划一直沿用至今。而今天'计划'与'城市设计（规划）'实际上仍混在一起。"

❷其首层平面的功能布局，摒弃一般办公楼裙房单一门厅功能的做法，而是用餐厅、展览、商业等功能，实现建筑界面与街道空间的互动；把建筑的主入口、服务入口进行有序组织；借鉴南方传统骑楼做法，建立适应当地气候的半公共空间。

图1-2-10 《好的城市形态》（*Good City Form*，1981年）封面

资料来源：Kevin Lynch, Good City Form[M].Cambridge：The MIT Press，1984.

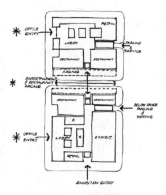

图1-2-11 SOM 深圳福田中心区示意图 ❷

资料来源：深圳市规划与国土资源局.深圳中心区22、23-1街坊城市设计及建筑设计[M]. 北京：中国建筑工业出版社，2002.

① 人物专访.陈占祥教授谈城市设计[J].城市规划，1991（1）：51-54.

② 中国大百科全书出版社《简明不列颠百科全书》编辑部.简明不列颠百科全书：第二卷[M].北京：中国大百科全书出版社，1985（Encyclopaedia BritannicaInc，the new encyclopaedia Britannica，15th edition）.

③ TRIBID B，MICHAEL S. City sense and city design：writing and projects of Kevin Lynch[M]. Cambridge，MIT Press，1990.

④ KEVIN L. Good city form[M]. Cambridge：The MIT Press，1984.

图 1-2-12 雄安新区起步区空间布局示意图 ❶

资料来源：中国雄安. 河北雄安新区规划纲要 [EB/OL]. [2018−04−21].
http://www.xiongan.gov.cn/2018−04/21/c_129855813.htm.

1.2.4 尊重历史文脉

追溯城市文化，发掘城市文脉，将其核心内容渗透于城市设计各环节，对于塑造既有乡愁记忆又融合现代精神的城市场所具有重要意义。现代城市不应割裂与过去的联系，在倡导文化自信、特色传承、以人为本和可持续发展的今天，更应注重对文化传统的保护和对城市文脉的拓展，坚持在城市设计中体现人文关怀，科学塑造特色城市①。

类似的理念在 1970 年代便已出现，美国后现代派建筑师和规划师柯林·罗出版了著名的《拼贴城市》一书（图 1-2-13），提倡以文脉主义的对策来解决拼贴城市的空间问题，试图使用拼贴的方法把割断的历史在空间上重新连接起来。这一理念最早体现通过修复文化脉络以解决破碎城市空间的设计思想。

而后随着西方回归城市思潮的兴起，柯林·罗的主张得到了广泛响应，文脉主义付诸实践，"织补城市"的概念应运而生。织补城市，是把旧城

❶ 以整体城市设计布局城市空间，城乡功能组团与城乡环境意象耦合，以主导功能划分城市组团并构建城市意象，雄安新区已成为我国新时期城市设计的前沿实践样板。

图 1-2-13 《拼贴城市》
（*COLLAGE CITY*，柯林·罗）
封面

资料来源：柯林·罗. 拼贴城市 [M].
北京：中国建筑工业出版社，2003.

---

① 操小晋. 基于城市文脉的城市设计研究 [J]. 城市，2018（4）：28−33.

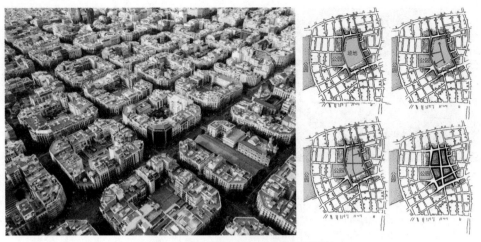

图 1-2-14　历史城区中进行街区修补

资料来源：筑造奇迹．巴塞罗那"扩建区"风貌，强迫症式的规划模式，看起来很舒服 [EB/OL].
[2020–06–29]. https：//m.sohu.com/a/404712587_120339380/（左图）；

根据 Llewelyn–Davies. Urban design compendium[M]. London：English Partnerships/Housing Corporation，
2000. 重绘（右图）.

区作为一个有机的整体来看待，采用统一的设计指导思想，遵循历史的发展轨迹，尊重旧区居民的生活方式，在城市更新中延续传统城市肌理与既有社会网络，保持社会生活的稳定，恢复旧城的活力（图 1-2-14）。因此，织补城市不仅仅是对建筑、环境、景观的织补，更重要的是对生活方式的织补。2000 年以后，织补理论得到了更好更快的发展，众多国家把织补理念作为重要策略应用在城市更新中，广州恩宁路永庆坊（图 1-2-15）的改造就是一个典型案例。

1.2.5　保护自然生态

城市设计对生态维度的关注始于美国科普作家蕾切尔·卡森（Rachel Carson）1962 年出版的《寂静的春天》。该书将近代污染对生态的影响透彻地展示在读者面前，给予了人类强有力的警示，并直接推动了日后现代环保主义的发展。十年后，由美国的德内拉·梅多斯（Donella Meadows）、乔根·兰德斯（Jorgen Randers）、丹尼斯·梅多斯（Dennis Meadows）所作的《增长的极限》挑战了现有的思维模式和行为模式，认为增长应是广泛的、多种多样的，而这些行为模式也有其可能的极限和过程。这两本书引发了大众对地球生态的深刻反思，也引导了城市设计的转型。

我国正处于生态文明建设阶段，城市设计需要同时应对生态文明建设、人民生活质量提升、城乡环境品质优化等内涵式与可持续的发展要求。基于此，绿色基础设施（Green Infrastructure，下文统一简称 GI）（图 1-2-16）理念与方法被引入城市设计。GI 的概念最早于 1999 年由美国保护基金会和农业部森林管理局组织的"GI 工作组"提出，该小组将 GI 定义为"自然生命支撑系统"，即一个由水道、绿道、

图 1-2-15　广州恩宁路永庆坊改造鸟瞰图

资料来源：华南理工大学建筑设计研究院有限公司.
恩宁路历史文化街区试点详细设计及实施方案（历史
文化名城法定保护规划编制和实施评估工作经费——
九片历史文化街区保护规划）[Z]. 2018.

图 1-2-16　绿色基础设施

资料来源：河北华标环境科技. 广州对易淹路段
进行海绵化改造 [EB/OL].[2021-10-09].
https：//www.sohu.com/a/494117496_121059340.

湿地、公园、森林、农场和其他保护区域等组成的维护生态环境与提高人民生活质量的相互连接的网络①。GI 旨在通过绿色基础设施框架的构建来突破传统生态保护的局限性，最终实现生态、社会、经济的协调和可持续发展。

与 GI 概念相近，"海绵城市"是在反思工业化城市建设模式基础上提出的新概念❶，借助"海绵"的物理特性比喻城市空间环境对雨水的吸附功能②（图 1-2-17）。

2008 年年初，建设部与 WWF（世界自然基金会）在中国以上海和保定两市为试点联合推出"低碳城市"，建设以低碳经济为发展模式及方向、市民以低碳生活为理念和行为特征、政府公务管理层以低碳社会为建设标本和蓝图的城市。低碳城市试点是我国为应对气候变化所采取的一项积极举措③，"十四五"❷期间计划加快推动绿色低碳发展，持续改善环境质量，提升生态系统质量和稳定性，全面提高资源利用效率。常见的城市碳流如图 1-2-18 所示，低碳理念下的城市设计就是指在原有的城市基础上进行相应的改造、建设，对城市的交通、整体

❶ 2018 年住房和城乡建设部颁布的《海绵城市建设评价标准》GB/T 51345—2018 明确了海绵城市的定义：通过城市规划、建设的管控，从"源头减排、过程控制、系统治理"着手，综合采用"渗、滞、蓄、净、用、排"等技术措施，统筹协调水量与水质、生态与安全、分布与集中、绿色与灰色、景观与功能、岸上与岸下、地上与地下等关系，有效控制城市降雨径流，最大限度地减少城市开发建设行为对原有自然水文特征和水生态环境造成的破坏，使城市能够像"海绵"一样，适应环境变化、抵御自然灾害、具有良好的"弹性"，实现自然积存、自然渗透、自然净化的城市发展方式，有利于达到修复城市水生态、涵养城市水资源、改善城市水环境、保障城市水安全、复兴城市水文化的多重目标。

❷《中华人民共和国国民经济和社会发展第十四个五年规划纲要（2021—2025 年）》（简称"十四五"规划），根据《中共中央关于制定国民经济和社会发展第十四个五年规划的建议》编制，主要阐明国家战略意图，明确政府工作重点，引导市场主体行为，是未来五年我国经济社会发展的宏伟蓝图，是全国各族人民共同的行动纲领，是政府履行经济调节、市场监管、社会管理和公共服务职责的重要依据。

① 贾铠针. 生态文明建设视野下城市设计中绿色基础设施策略探讨 [A]// 中国城市规划学会. 规划 60 年：成就与挑战 2016 中国城市规划年会论文集（06 城市设计与详细规划）. 北京：中国建筑工业出版社，2016：12.

② 王建国，王兴平. 绿色城市设计与低碳城市规划：新型城市化下的趋势 [J]. 城市规划，2011，35（2）：20-21.

③ 解读华. 绿色低碳转型不可逆转 碳排放达峰势在必行 [EB/OL]. http://iccsd.tsinghua.edu.cn/wap/news-237.html.

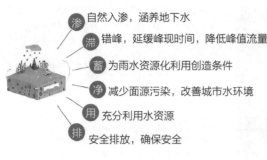

渗 自然入渗，涵养地下水

滞 错峰，延缓峰现时间，降低峰值流量

蓄 为雨水资源化利用创造条件

净 减少面源污染，改善城市水环境

用 充分利用水资源

排 安全排放，确保安全

图 1-2-17　海绵城市概念

资料来源：北京市通州区人民政府.什么是海绵城市？
[EB/OL]. http://www.bjtzh.gov.cn.

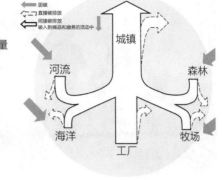

图 1-2-18　城市碳流

资料来源：作者自绘.

布局以及产业结构等进行必要的优化，从而形成各个结构和谐共生、可持续发展的低碳城市。

　　至此，城市设计经历了从解决城镇环境品质问题到根据全球环境变迁考虑人与自然间关系的转变，开始探索新一代、基于整体和环境优先的城市设计思想和方法，即绿色城市设计[①]。绿色城市设计主要关注两个层面的内容：城市物质环境层面，更加考虑人与自然的高度协调，强调保护自然和完善城市基础设施建设；在城市空间营造方面，尊重城市发展规律，尽最大可能减少城市演替带来的不必要的资源浪费。同时，因地制宜，综合应用绿色设计技术，将绿色城市设计的理念落在实处[②]。

1.2.6　关注环境行为

　　1950 年代到 1960 年代，十次小组（Team X）[❶]（图 1-2-19）提出，城市社会中存在不同层次的人际关系，城市的形态必须从生活本身的结构中发展起来，因此城市设计应当以人为主体，注重文脉，强调空间的环境个性，体现人类的行为方式。在 1971 年旧金山综合规划的城市设计（The Urban Design Plan for the Comprehensive Plan of San Francisco）中，旧金山城市规划局将这一理念进行了更为具体的论述，"城市设计绝不是规划师和建筑师在学术上的自娱自乐，它也并不只是冷漠的物质环境的建设。城市设计必须首先处

❶ 十次小组（Team X）：以史密森夫妇为首的一个青年建筑师组织。他们因在 CIAM 十次大会上公开倡导自己的主张，并对过去的方向提出创造性的批评而得名。十次小组形成于 1954 年 1 月在杜恩召开的 CIAM 十次大会的准备会议。十次小组提倡以人为核心的城市设计思想：建筑与城市设计必须以人的行为方式为基础，其形态来自于生活本身的结构发展。

① 李克强 . 深刻理解《建议》主题主线 促进经济 [EB/OL].[2010-11-15].http://www.china-up.com/newsdisplay.php?id=14190944.

② 王建国，王兴平 . 绿色城市设计与低碳城市规划：新型城市化下的趋势 [J]. 城市规划，2011，35（2）：20-21.

图 1-2-19　十次小组核心成员

资料来源：光明城．朱亦民：《后激进时代的建筑笔记》[EB/OL]. [2018-10-22]. https://zhuanlan.zhihu.com/p/47384182?utm_source=wechat_timeline.

他们包括：

荷兰建筑师雅普·巴克玛 [Jacob Berend（Jaap）Bakema]

荷兰建筑师阿尔多·凡·艾克（Aldo van Eyck）

英国建筑师艾莉森·史密森和彼得·史密森（Alison and Peter Smithson）

希腊籍法国建筑师乔治·坎迪利斯（Georges Candilis）

美国建筑师沙得拉·伍兹（Shadrach Woods）

意大利建筑师简卡洛·迪卡罗（Giancarlo De Carlo）

除上述核心成员外，其他成员更迭不断，学术观点此起彼伏，各不一致。

理人与环境之间的视觉联系和其他感知关系，重视人们对于时间和场所的感受，创造舒适与安宁的感觉"[1]。抱有同样想法的还有索斯沃斯（M. Southworth），他认为城市设计应重视并利用建设场地自身的特点，以满足各阶层使用者的不同需求[2]，但也有学者更注重人类活动及其背后的意义[3]。在之后的研究中，拉普卜特（A. Rapoport）重视研究环境与行为表达，更进一步把城市设计定位于各种关系的组织，认为城市设计组织了空间、时间、意义和交流，因此城市的形态应该建立在社会、文化、经济、技术、心理感受交织的基础上[4]。

　　一些学者还进一步探索了在此意义上城市设计的实践方法：林奇❶（图 1-2-20）和阿普尔亚德（D. Appleyard）等人就通过研究人们对环境的感知和反应，建立城市设计的分析基础。而李（T. Lee）和坎特（D. Canter）从环境心理角度的研究发现了"认知地图"和"社会—空间图式"。

❶ 凯文·林奇是将心理学领域引入城市研究的学者之一，其标志是他 1960 年所著的《城市印象》（The Image of the City）一书。他将人们对城市的印象归纳为五种元素，对城市设计研究领域有着非常大的影响。这五种元素为：道路（Path）、边界（Edge）、区域（District）、节点（Node）、地标（Landmark）。

1.2.7　追求艺术品质

　　早期的城市设计主要被看成是对建成环境进行的艺术处理。事实上，当学者们将城市设计看作艺术时，追求的主要是设计技巧和理想状态，关注的常常是环境结构及形态的完美和生动，设计重点包含视觉的艺术与人类活动的艺术。

　　很长一段时间，城市设计被看作是"创造性的活动，在社会、经济、技术和政治变化的环境中，通过创造性活动，设计、修改和控制城市环境的形式和特征，体

① PETER S S. The urban design plan for the comprehensive plan of San Francisco[R]. San Francisco California：Department of City Planning，1971.

② MICHAEL S. Theory and practice of contemporary urban design：a review of urban design plans in the United States[J]. TPR，1989，60（4）.

③ DAMIEN M. Urban design and the physical environment：the planning agenda in Australia[J]. TPR，1992，63（4）.

④ AMOS R. Human aspects of urban form：towards a man- environment approach to urban form and design[M]. New York：Pergamon Press，1977.

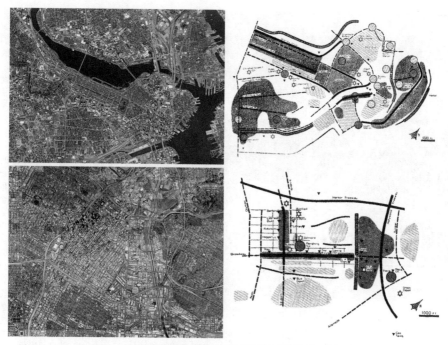

图 1-2-20　美国波士顿、洛杉矶的现场所见视觉形式
资料来源：凯文·林奇. 城市意象 [M]. 方益萍，何晓军，译. 北京：华夏出版社，2001.

现地方特色"[①]。而斯坦（C. Stein）认为"城市设计是建立联系的艺术，联系建筑物与建筑物，以此服务于现代生活"。但戈斯林（D. Gosling）等学者仍然把城市设计的重心界定在视觉环境中，认为"从人类的角度来说，城市设计是使视觉环境满足社区居民需求和愿望的尝试"[②]。1893 年的芝加哥世博会（图 1-2-21）便是运用现代技术复兴古典美学艺术的实践。法国艺术家 Armelle Caron 分析各个城市的街区图案，将其按形状和大小分类，用一种艺术的新视角来观察城市（图 1-2-22、图 1-2-23）。

城市设计的概念，从"艺术"慢慢走向"品质"。哥伦比亚大学在本校教程中提出"城市设计是一种积极行动的社会艺术，它远不是简单地表达物质空间，而是承担着所有设计活动的各个方面"[③]。英国建筑与建成环境委员会（Commission for Architecture & the Built Environment）则强调"城市设计是为人们创造场所的艺术。它包含场所作用的方式和例如社区安全、形象的问题。它关注人与场所之间、运动与城市形态、自然与建成肌理的关系（图 1-2-24），以及保证乡村、城镇和城市成功发展的途径"[④]。

① 转引自 FRANCIS T. Mind the gap[J].The Planner，1988（3）：11–15.

② DAVID G，BARRY M. Concepts of urban design[M]. Academy Editions. London：St Martin' s Press，1984.

③ Columbia University. Columbia University Bulletin 1992– 1994：Graduate School of Architecture Planning and Preservation[M]. NY：Columbia University，1992.

④ Commission for Architecture & the Built Environment. By design：urban design in the planning systerm：towards better practice[M]. London：Thomas Telford Publishing，2000.

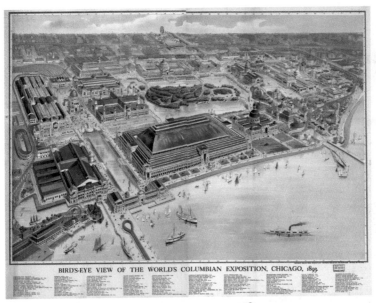

图 1-2-21　芝加哥世博会 ❶

资料来源：LIVRARY OF CONGRESS. Bird-eye view of the World's Columbian Expositions，Chicago，1893.[EB/OL]. https：//www.loc.gov/resource/g4104c. pm001522/?r=-0.005，-0.043，1.009，0.851，0.

❶ 芝加哥世博会采用了新古典主义建筑风格，"是国际展览所得到的最完美的搭配，并将在将来继续发展"①，"在历史上或现代的任何帝国的财富、权力和文明中心都不曾出现如此大规模的、连接如此紧密的展示"②。19世纪末的一些改革家们受到芝加哥世博会的启发，希望以此为契机来促进城市基础设施的改善。正如威廉·H.威尔逊（Willi H. Wilson）在其《城市美化运动》中所说的那样，世博会"为美国发展的各种可能性提供了橱窗"，并且"确保了城市美化的可能性"，为"城市美化运动"的兴起奠定了基础③。

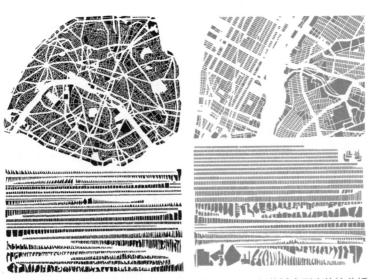

图 1-2-22　巴黎城市形态体块分析

资料来源：Armelle Caron.[EB/OL]. 2020. https：//www.armellecaron.fr/works/les-villes-rangees/.

图 1-2-23　纽约城市形态体块分析

资料来源：Armelle Caron. [EB/OL]. 2020. https：//www.armellecaron.fr/works/les-villes-rangees/.

① Benjamin Harrison，"Points of Interest"，in Cosmopolitan 15，1893.

② Report of the Committee on Awards of the World's Columbian Commission. Vol.I. [R]. Washington：Washington Government Printing Office，1901.

③ WILLIAM H W. The city beautiful movement[J]. Journal of American Studies，1991.

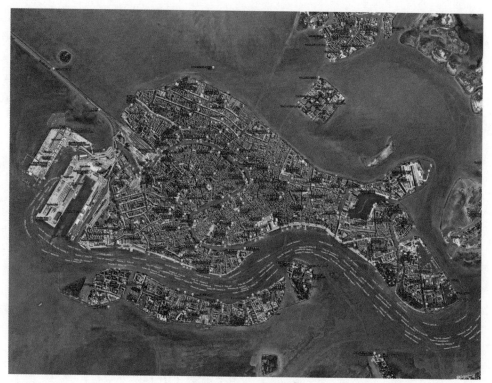

图 1-2-24　威尼斯 ❶
资料来源：根据 Google Map 改绘.

毋庸置疑，城市设计本身具有极强的艺术性，其目的是创造出一座便于沟通、满足视觉审美需求、承担积极安全社会活动的城市。

1.2.8　优化实施过程

随着专业的发展和日渐成熟，城市设计更加注重与实践的衔接和在实践中的操作方式。学者们眼中的城市设计，从创造性的过程慢慢转变到集合科技信息的技术过程，再到政策过程，甚至社会过程。

把城市设计作为政策过程，最有代表性的学者是巴奈特（J. Barnett），他通过研究纽约的具体实践，提出城市设计政策过程的见解。"一个良好的城市设计绝非设计者笔下浪漫花哨的图表与模型，而是一连串都市行政的过程，城市形体必须通过这个连续决策的过程来塑造"[1]。他强调"城市并不是预先勾绘出 20 年后的发展形态，它是日常决策点滴累计的结果"[2]。而在这个过程中，他强调城市整体的塑

❶ 威尼斯曾经是威尼斯共和国的中心，被称作"亚得里亚海明珠"，堪称世界最浪漫的城市之一，有"因水而生，因水而美，因水而兴"的美誉，享有"水城""水上都市""百岛城"等美称。

---

① JONATHAN B. 开放的都市设计程序 [M]. 舒达恩，译. 尚林出版社，1983.

② JONATHAN B. An introduction to urban design[M]. New York：Harper& Row Inc. Publishers，1981.

CITY PLANNING COMMISSION

Minutes of Special Meeting of the City Planning Commission, Held in Room 16, City Hall, Beginning Monday, March 14, 1960.

The Commission met pursuant to adjournment.

Present—James Felt, Chairman; Francis J. Bloustein, Vice-Chairman; Goodhue Livingston, Jr., Lawrence M. Orton, Michael A. Provenzano, James G. Sweeney, Commissioners; Edward Hoffman, sitting for Acting Commissioner, Stuart Constable.

(Roll Call at 10 a. m.)

PUBLIC HEARING

ZONING

No. 1 (CP-15278)

IN THE MATTER OF a **Proposed Comprehensive Amendment,** pursuant to Section 200 of the New York City Charter, of the **Zoning Resolution** of The City of New York, consisting of **text and maps** which are a part thereof and which are appended thereto.

On December 23, 1959, Cal. No. 48, the Commission fixed **Monday, March 14, 1960** for a hearing on this matter, which was duly advertised. For the convenience of the public, to insure orderly procedure, and to permit a full hearing, the hearing on March 14, 1960 was initially devoted to the Proposed Text and was continued on the dates set forth below, starting at 10 a. m. on each day:

Tuesday, March 15, 1960—**Proposed Text.**

Friday, March 18, 1960—Proposed **Zoning Maps** for the **Borough** of **The Bronx.**

Monday, March 21, 1960—Proposed **Zoning Maps** for the **Borough** of **Brooklyn.**

Tuesday, March 22, 1960—Proposed **Zoning Maps** for the **Borough** of **Manhattan.**

Wednesday, March 23, 1960—Proposed **Zoning Maps** for the **Borough** of **Queens.**

Friday, March 25, 1960—Proposed **Zoning Maps** for the **Borough** of **Richmond.**

CHAIRMAN FELT—On behalf of the City Planning Commission, I wish to welcome all of you who have come here today to participate in or observe these proceedings. I am also happy to welcome the listening audience of municipal radio station WNYC which is broadcasting today's and tomorrow's sessions as a public service.

The public hearing we open this morning is probably more vital to the well-being of the people of New York City than any public hearing held by the Planning Commission in the more than two decades of its existence. It was well over four decades ago—in 1916—that New York City took the pioneering step of enacting the nation's first zoning code.

The concept of regulating the private use of land in the interest of the general public welfare represented a great step forward. Not surprisingly it aroused bitter opposition in those who looked upon the use of land as a matter of purely personal concern, to be developed as they—and they alone—saw fit, regardless of the effects on neighbors or the general community. And not surprisingly, the dire predictions of its opponents that chaos and ruin would follow adoption of the zoning resolution, failed to come to pass.

Indeed, just the opposite happened. Instead of grass growing in the streets, there followed one of the greatest building booms in the City's history. But that is so often the history of regulatory legislation proposed to check unsound and unhealthy practices: bitter opposition and prophecies of doom, followed by a tide of improvement which carries along the professional no less than it does the public.

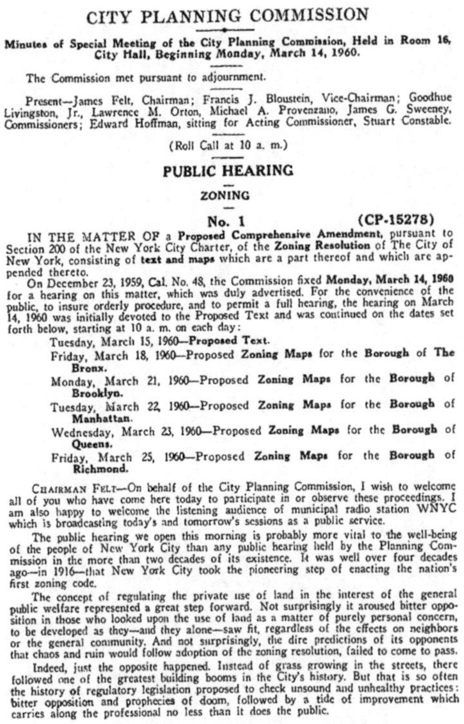

图 1-2-25　1960 年《分区法》修正听证会的记录

资料来源：NYC PLANNING.Text Amendaments [EB/OL]. 1960. https：//www.nyc.gov/site/planning/zoning/amendment-index.page.

造，提出著名的“设计城市而非设计建筑物”（Designing Cities without Designing Buildings）①。其他学者也有类似的看法，称城市设计为“一种深思熟虑的市政政策”②。雪瓦尼（H. Shirvani）在《城市设计过程》中还进一步指出，“在更广泛的政策框架下，城市设计必须以新的方法融入传统物质规划和土地使用规划”③。美国纽约 1961 年的《分区法》修正案中强调，除了尊重“时间”，也要尊重“公众”，参与论证与公听的除了建筑协会、规划协会外，也有市艺术协会（Municipal Art Society）、华盛顿广场协会、布鲁克林高地（社区）协会、格林威治村协会等非政府组织、地区及社区组织代表（图 1-2-25）。

美国伊利诺伊大学的瓦可·乔治（R. Varkki George）教授提出：当下的城市设计方法应该是“二次订单设计”（Second-Order Design）方法（图 1-2-26），即城市设计师并非像建筑师那样直接设计出具体产品，而是设计影响城市形态的一系列“决策环境”，使得下一层次的设计者们在这一决策规则指导下进行专业化的具体设计④，这是城市设计的设计过程，也是管理过程。

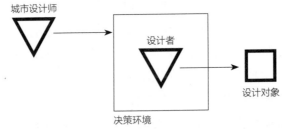

图 1-2-26　“二次订单设计”是一种设计活动——“对设计的设计”

资料来源：VARKKI G. 当代城市设计诠释 [J]. 金广君，译 . 规划师，2000（6）：98–103.

① JONATHAN B. An introduction to urban design[M]. New York：Harper& Row Inc. Publishers，1981.

② 转引自 FRANCIS T. Mind the gap[J].The Planner，1988（3）：11–15.

③ HAMID S. The urban design process[M]. New York：Van Nostrand Reinhold Company Inc.，1985.

④ VARKKI G. 当代城市设计诠释 [J]. 金广君，译 . 规划师，2000（6）：98–103.

在城市设计的政策过程中，所考虑的已不仅仅是城市的物质和功能，还包括广泛的社会经济因素，这是人们感知到的城市形态的内在成因。例如，帕菲克特（M. Parfect）和戈登（P. Gordon）认为，"城市设计是一种有计划的演进过程（a Process of Planned Evolution），它运用物质规划和设计技巧，结合对社会经济因素的研究，以进化的方式来实现城市形态的演进"①。马格文认为，城市设计除了关注核心的物质形态外，因其讲求公众利益，很明显还是一个政治过程，并含有经济内涵。从实践角度讲，城市设计需要植根于社会和环境文脉②。

马德尼波尔（A. Madanipour）称城市设计是一种"社会—空间过程"（Socio-Spatial Process）。城市设计与科技、创造性和社会等元素结合起来，共同有助于对此复杂过程及其产品的理解③。而在这种政治、社会、空间的理解中，人民自身的力量自然是大家不能忽视的一个方面。

1980年代，日本的"城市创造"理论就强调人民自己参与的发展过程，它的定义是"一定地区内的居民自己创造一个主宰自己生活的、方便的、赋有人情味的共同的生活环境"④。这项运动的创始人田村明认为："城市设计的课题是，以官民等多方为主体，在将各自不同的目的形态化的过程中，怎样形成城市环境整体的最佳状态。不同行为主体为了实现自己的目的按照自己的程序运作，他们之间在程序上互相交织，表现为综合协调的相互作用过程。城市设计也可以说是相互关系的设计"。

1.2.9　倡导数据赋能

城市设计关心城市空间与人的活动。随着新技术的发展，城市空间与人的活动也大量被"数据化"，继而为城市设计的分析带来新的方法与数据（图1-2-27、图1-1-28）。人工智能技术在城乡规划方面的应用主要集中在对城市生长和城市空间规律的模拟与学习，它大幅度地提升了中国规划界对世界城市增长规律和空间规律的认识水平⑤。

王建国院士提出城市设计发展及专业知识增长的四大范型命题：传统城市设计、现代主义城市设计、绿色城市设计和数字化城市设计。第四代范型为基于人机互动的数字化城市设计，它有三大特征，分别为多重尺度的设计对象、数字量化的设计方法和人机互动的设计过程。数字化城市设计是以形态整体性理论重构为目标，

---

① MICHAEL P, POWER G. Planning for urban quality: urban design in towns and cities[M]. London&New York: Routledge, 1997.

② DAMIEN M. Urban design and the physical environment: the planning agenda in Australia[J]. TPR, 1992, 63（4）.

③ ALI M. Design of urban space: An inquiry into a socio-spatial process[M]. New York: John Wiley and Sons Ltd., 1996.

④ 刘武君. 从"硬件"到"软件"：日本城市设计到发展、现状与问题[J]. 国外城市规划，1991（1）：2-11.

⑤ 吴志强. 人工智能辅助城市规划[J]. 时代建筑，2018（1）：6-11.

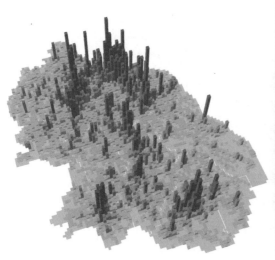

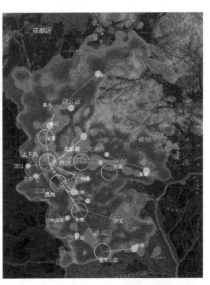

图1-2-27　顺德东部片区一体化发展概念规划分析图，
利用大众点评数据分析顺德东部的服务业聚集状态

资料来源：华南理工大学建筑设计研究院.
顺德东部片区一体化发展概念规划 [Z]. 2015.

图 1-2-28　广州手机信令大数据分析

资料来源：广州市国土资源和规划委员会，
广州市城市规划勘测设计研究院，东南大学
城市规划设计研究院. 广州总体城市设计
[Z]. 2017.

图 1-2-29　数字化城市设计方法

资料来源：王建国. 从理性规划的视角看城市设计发展的四代范型 [J].
城市规划，2018，42（1）：9-19，73.

并以人机互动的数字技术方法工具变革为核心特征的能真正付诸实施的城市设计[①]。
在人工智能发展的背景下，伴随着数字技术的成熟，基于人机互动的数字化城市设
计也逐渐成为热门的研究方向。

　　王建国院士认为，针对多重尺度，特别是大尺度的城市空间对象，数字化城市
设计范型及所包含的技术方法（图1-2-29、图1-2-30）不完全是既有城市设计技

----

① 王建国. 基于人机互动的数字化城市设计：城市设计第四代范型刍议（1）[J]. 国际城市规划，2018（1）：1-6.

术方法的渐进和完善，可能是一种根本性和迭代性的"颠覆式技术"的拓展。该范型共包含若干创新价值：它是一种全新的世界认知、知识体系和方法建构；它改变了我们传统的公众参与和调研方式；数字技术改变了城市设计成果的呈现和内涵，数据库成为大尺度城市设计全新的成果形式。

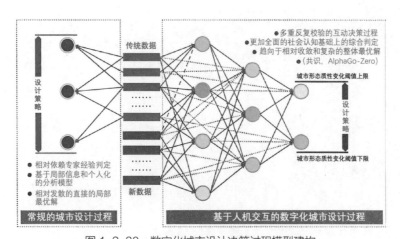

图 1-2-30　数字化城市设计决策过程模型建构

资料来源：王建国. 从理性规划的视角看城市设计发展的四代范型 [J].
城市规划，2018，42（1）：9-19，73.

第 2 章

城市设计价值：
理念和价值观

2.1 总述

城市设计思潮从西方国家引入中国以来，逐渐本土化与在地化，逐步演化出中国语境下特色的城市设计理念。其中，作为中国梦的重要组成部分，实现"美丽中国"目标的生态文明建设、绿色发展道路和新型城镇化实践日益被赋予在城市设计的内涵中。王建国院士认为，新型城镇化强调以人为核心的城镇化，并遵循以人为本、优化布局、生态文明和文化传承四大基本原则[①]。新型城镇化背景下，城市设计需要进行其设计目标的调整、理论依据的优化和价值目标的完善（图 2-1-1、图 2-1-2）。

城市作为经济社会的载体，其发展理念受到现代科学技术迅猛发展的影响。当代城市设计的理念随着社会发展背景及科学技术的进步而不断革新，本书选取应用较为广泛且具有鲜明认知度的设计理念作为学习对象。其中包括西方理论中国化的生态城市、海绵城市、韧性城市、紧凑城市、立体城市、新城市主义，以及中国特色语境下的城市设计理念城市双修、共享发展，共八大部分。这些理念的侧重点相异，但也有相互借鉴。

---

① 王建国 . 新型城镇化：城市设计何去何从 ?[J]. 南方建筑，2015（5）：4–5.

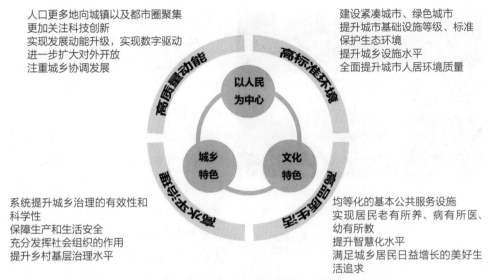

人口更多地向城镇以及都市圈聚集
更加关注科技创新
实现发展动能升级，实现数字驱动
进一步扩大对外开放
注重城乡协调发展

建设紧凑城市、绿色城市
提升城市基础设施等级、标准
保护生态环境
提升城乡设施水平
全面提升城市人居环境质量

系统提升城乡治理的有效性和
科学性
保障生产和生活安全
充分发挥社会组织的作用
提升乡村基层治理水平

均等化的基本公共服务设施
实现居民老有所养、病有所医、
幼有所教
提升智慧化水平
满足城乡居民日益增长的美好生
活追求

图 2-1-1　新型城镇化特点体系图

资料来源：作者整理自绘．

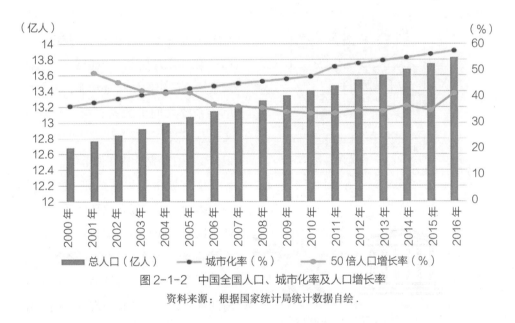

图 2-1-2　中国全国人口、城市化率及人口增长率

资料来源：根据国家统计局统计数据自绘．

2.2　生态城市

　　建设节约型社会与发展循环经济是构建社会主义和谐社会的重要任务，也是为城市建设和人居环境提供最大空间效益的新型城市建设模式。在城市规模扩大、资源环境约束趋紧及各类主体对城市治理诉求增加的背景下，生态城市追求高品质的城市设计，将城市建设与自然环境放在生态网络中，旨在实现社会经济、人类物质与精神需求价值及生态环境公正价值（图 2-2-1）。

图 2-2-1 "巴西生态之都"库里蒂巴

资料来源：联合国教科文组织国际创意与可持续发展中心.最适合人类居住城市库里蒂巴——生态城市的先行者 [EB/OL]. [2021-01-29]. https://city.cri.cn/20210129/b1e0a824-ae01-27d9-ff8f-7d4c338d2bbf.html.

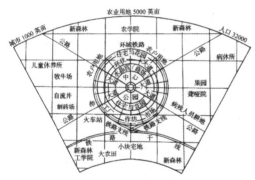

图 2-2-2 田园城市思想

资料来源：思纳设计.后疫情时代，大健康领跑城市发展 [EB/OL]. [2020-04-26]. https://www.sohu.com/a/391322455_120134550.

图 2-2-3 "人与生物圈"（MAB）计划

资料来源：UNESCO.人与生物圈计划 [EB/OL]. 2023. https://zh.unesco.org/mab.

2.2.1 理念内涵

1. 何谓"生态城市"？

"生态城市"启蒙于埃比尼泽·霍华德（Ebenezer Howard）田园城市思想（图 2-2-2），最早在 1971 年联合国教科文组织发起的"人与生物圈"（MAB）计划中正式提出（图 2-2-3），广义的生态城市是以生态学原理为指导的新型社会关系和新的文化观，狭义的则是指在生态学原理指导下的更高效、和谐、健康、可持续的人类聚居环境。生态城市的概念包括三个层次的内容：第一层次为自然地理层次，内容是城市生态系统保持协调、平衡，实现地尽其能、物尽其用的目标；第二层次为社会功能层次，重在调整城市的组织结构及功能，改善城市子系统之间的关系；第三层次为文化意识层次，旨在研究人的生态意识，变外在控制为内在调节。

生态城市可以看成是一个以人的行为为主导、以自然环境系统为依托、以资源和能源流动为命脉、以社会体制为经络的"社会—经济—自然"的复合系统，是社会、经济和环境的统一体，是未来城市发展的主导方向。

2. 生态城市建设目标

杨诺斯基（O. Yanitsky）于 1987 年提出了生态城市的理想模式：社会、经济、自然协调发展，物质、能量、信息高效利用，基础设施完善，布局合理，生态良性循环的人类聚居地[①]。

---

① 王如松.高效、和谐：城市生态调控原则与方法 [M].长沙：湖南教育出版社，1988.

生态城市强调生态化发展，不仅强调自然生态的健康发展，更强调经济、社会、生态的系统协同，它不等同于简单的"绿色城市"，也不是单纯的绿化率提升，而是实现低能耗、高效率、人与环境和谐、经济发展、社会进步的良性循环（图2-2-4~图2-2-6）。

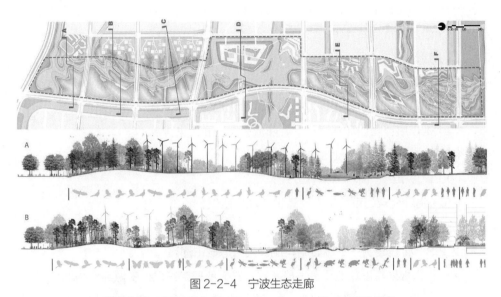

图2-2-4　宁波生态走廊

资料来源：SWA. Ningbo East New Town Eco-Corridor [EB/OL]. 2023.
https：//www.swagroup.cn/projects/ningbo-east-new-town-eco-corridor/.

图2-2-5　武汉五里界生态城

资料来源：土人设计. 武汉五里界生态城 [EB/OL].
[2020-01-16] .https：//www.turenscape.com/project/
detail/4787.html.

图2-2-6　中新天津生态城

资料来源：中新天津生态城管理委员会，中新天津生态城 [EB/OL]. 2023. https：//www.eco-city.gov.cn/.

2.2.2　设计策略

1. 生态城市设计特性

（1）和谐性：既包括人与自然环境协调发展，也包括人与人之间的和谐共生。

（2）高效性：强调提高资源利用效率和资源的循环再生利用效率。

（3）持续性：合理配置资源，保证城市健康、持续、协调发展。

（4）整体性：兼顾社会、经济和环境三者的整体效益。

（5）区域性：强调区域间合作，共享技术资源，形成互惠共生的网络。

2. 生态城市设计原则

1996 年，城市生态组织将生态城市理念具体化为十项原则 ①：

（1）土地开发利用中优先开发紧凑、多样、绿色、临近交通线路的混合型社区；

（2）交通建设中优先考虑步行、自行车和公共交通等绿色交通设施的需求；

（3）修复城市自然环境；

（4）建设更加经济适用、便捷安全的居住区；

（5）注重社会的公平性，改善妇女、移民等弱势群体的生活状况和社会地位；

（6）推动社区花园化建设，提升城市绿化水平；

（7）推广废弃物循环利用技术，降低废弃物和污染排放；

（8）推动生产者循环化改造；

（9）倡导节约、简单的消费方式；

（10）提升公众的可持续发展意识和环保意识。

2.2.3 实践案例——瑞典哈马比绿色生态城市建设

• 一体化规划建设奠定绿色发展基础、三大处理系统保证资源绿色循环

哈马比生态城位于瑞典首都，是一个以高循环、低能耗等环保特征举世闻名的综合生态社区，在可持续经济、环境和社会领域取得了显著成就。

这里原是斯德哥尔摩的工业集中区，工厂乱排放使土质污染严重。为申办 2004 年奥运会，斯德哥尔摩市政府对哈马比社区进行规划和改造，使之成为全市乃至全球的生态示范区，为可能申办成功的奥运会增光添彩。虽然斯德哥尔摩最终未申报成功，但哈马比生态城的建设继续进行了下去。

生态城规划面积约 2km²，共建造 1.1 万套住宅，可供 2.6 万人居住，另外还有可为 1 万人提供就业的商用面积。根据规划，哈马比确立了碳减排目标，相较 20 世纪 90 年代初降低 50% 的碳排放，其中涉及 6 个方面的环保目标，包括更好地利用土地、运输和交通、能源利用、垃圾回收、水和污水处理、利用环保建筑材料等。

基于生态城市发展理念，哈马比经过发展，已经建设成为一座高循环、低能耗的宜居生态城，成为全世界可持续发展城市建设的典范。从资源的低消耗到废弃物的循环使用，从绿色低碳的城市交通网络到深入人心的环保理念，哈马比生态城的成功为全球生态城市提供了宝贵经验（图 2-2-7、图 2-2-8）。

---

① 张文博，宋彦，邓玲，等.美国城市规划从概念到行动的务实演进：以生态城市为例[J].国际城市规划，2018，33（4）：12-17.

图2-2-7 哈马比生态城

资料来源：Andrea Gaffney，Vinita Huang，etc. An urban development case study of Hammarby Sjöstad in Weden，Stockholm.[EB/OL]. 2007. https://www.solaripedia.com/files/718.pdf.

图2-2-8 生态城建设范围

资料来源：City of Stickholm.[EB/OL]. 2004. https://international.stockholm.se/city-development/.

1. 一体化规划建设奠定绿色发展基础

斯德哥尔摩市对哈马比的土地规划、公共交通和绿地设计等基础设施建设设定了严格的环保要求，推行绿色低碳的建设运营模式，为城市的绿色发展奠定了基础。

（1）城市土地规划力求集约紧凑：哈马比原是受到严重污染的工业区，当地政府对所有污染土地进行无害化处理，并采取了集约紧凑的开发模式，高效环保利用土地资源。合理规划公交站点——将公交站点设置在商业和商务区中心地带，附近地块设计高于周边其他地区的容积率，集中布局办公、影剧院、图书馆等公共建筑，方便居民工作生活出行。合理布局公共设施，充分考虑多种人群需求及多功能辐射，规划了邻里、社区、城镇三个层级的公共服务体系，使居民就近高效享受完善的公共服务。合理规划绿色空间——将原工业区的仓储用地、污染地块改造成开放式公园，实现新建绿地与哈马比原生林地以及自然区的连接，形成由大量公园、绿色空间、码头、广场和步行道组成的绿色开放空间网络，让居民能够充分享受高品质的绿色空间（图2-2-9~图2-2-11）。

（2）综合公共交通规划力求绿色高效：哈马比投入巨资建设了以轻轨、公共巴士、

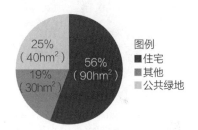

图2-2-9 土地利用占比图

资料来源：Andrea Gaffney，Vinita Huang，etc. An urban development case study of Hammarby Sjöstad in Weden，Stockholm.[EB/OL]. 2007. https://www.solaripedia.com/files/718.pdf.

图2-2-10 绿色生态空间分布图

资料来源：Andrea Gaffney，Vinita Huang，etc. An urban development case study of Hammarby Sjöstad in Weden，Stockholm.[EB/OL]. 2007. https://www.solaripedia.com/files/718.pdf.

城市设计：理论与方法

图 2-2-11　总平面规划图

资料来源：Andrea Gaffney，Vinita Huang，etc. An urban development case study of Hammarby Sjöstad in Weden，Stockholm.[EB/OL]. 2007. https：//www.solaripedia.com/files/718.pdf.

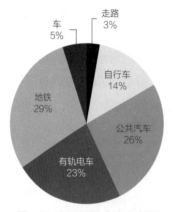

图 2-2-12　交通方式占比图

资料来源：Andrea Gaffney，Vinita Huang，etc. An urban development case study of Hammarby Sjöstad in Weden，Stockholm.[EB/OL]. 2007. https：//www.solaripedia.com/files/718.pdf.

共享汽车为主，便捷高效的公共交通网络。规划设计了立体式绿色交通系统，地面上，保留了大片适宜步行和自行车骑行的绿地、人行道和公园，同时规划了有轨电车、轮渡等公共交通；地面下，建设了主要由快速线构成的便捷公共交通。在共享交通方面，哈马比成立了对外开放的"公用汽车联盟"，可通过手机获取开车密码就近取车，用完车后停放在指定地点（图 2-2-12~图 2-2-16）。

（3）各类建筑设计力求环保节能：哈马比选择高品质的绿色建筑，以低碳化为设计原则，以节能环保为标准。在绿化设计上，哈马比大量采用立体绿化和屋顶花园，既增加了城市的绿化率，又减少了建筑能耗。

2. 三大处理系统保证资源绿色循环

通过技术处理，将城市内部的垃圾、水和能源纳入综合能量循环体系，使生活垃圾和污水的再生利用率达到95%，哈马比50% 的能源供应来源于垃圾转化和资源循环利用。其中，三大处理系统是哈马比实现资源绿色循环的重要基础（图 2-2-17）。

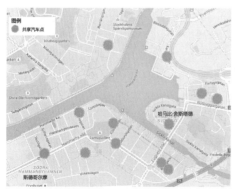

图 2-2-13　共享汽车点分布图

资料来源：根据 Andrea Gaffney，Vinita Huang，etc，An urban development case study of Hammarby Sjöstad in Weden，Stockholm 改绘.

图 2-2-14　公交站点分布图

资料来源：根据 Andrea Gaffney，Vinita Huang，etc，An urban development case study of Hammarby Sjöstad in Weden，Stockholm 改绘.

图 2-2-15 自行车系统规划图

资料来源：根据 Andrea Gaffney，Vinita Huang，etc，An urban development case study of Hammarby Sjöstad in Weden，Stockholm 改绘．

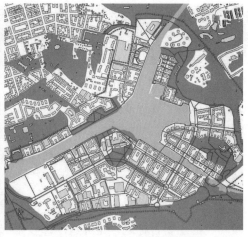

图 2-2-16 步行系统规划图

资料来源：根据 Andrea Gaffney，Vinita Huang，etc，An urban development case study of Hammarby Sjöstad in Weden，Stockholm 改绘．

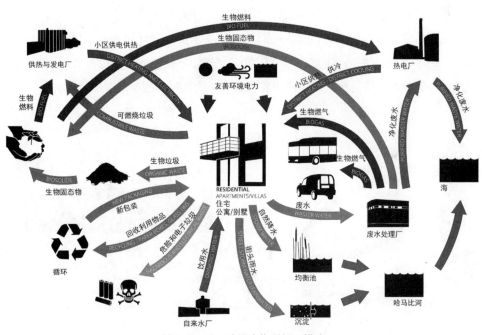

图 2-2-17 哈马比物质循环模式

资料来源：根据 Andrea Gaffney，Vinita Huang，etc，An urban development case study of Hammarby Sjöstad in Weden，Stockholm 改绘．

（1）多层级垃圾处理系统实现自动回收：哈马比的垃圾回收采用三级处理系统。居民要将垃圾分为三大类，分级投放。第一级"就近楼宅"投放，包括厨余垃圾、可回收垃圾和可燃烧废物等。此类垃圾的产生相对数量大、频率高，居民可投入住宅楼下的分类垃圾桶里，垃圾桶连接着地下回收网络系统，便于进入回收阶段再利用。同时，当地政府还给居民发放可降解塑料袋，避免白色污染。第二级"就近街区回收间"投放，主要投放废旧针织物、电子废物、包装产品等不适合直接投放的垃圾。第三级"就近地区环保站"投放，主要回收有害垃圾，例如电池、颜料、过期药品等，环保站集中进行分拣处理，防止污染环境（图 2-2-18~ 图 2-2-23）。

（2）多途径水处理系统实现分类集约：哈马比的主要目标之一是通过环保技术解决当地水资源的合理利用问题。在生活用水集

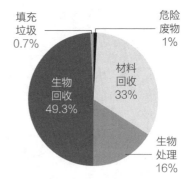

图 2-2-18　垃圾处理细分图

资料来源：根据 Andrea Gaffney, Vinita Huang, etc. An urban development case study of Hammarby Sjöstad in Weden, Stockholm 改绘 .

约上，政府倡导居民安装低用水量的抽水马桶、高标准的洗碗机和洗衣机，号召居民在水龙头上安装空气阀门，降低家庭生活用水量。在自然水源处理上，雨水通过楼顶植物蓄水，住宅花园和楼顶的雨水直接导入湖海；地表积水、雨水、雪水经降水沟沉积后，导入运河或者再流入哈马比海。在水资源循环利用上，居民房间排出污水，污水沉积腐烂，产生生物燃气供给燃气灶。秉持变废为宝的设计理念和节约用水的环保理念，哈马比最大限度地实现水资源的循环利用（图 2-2-24）。

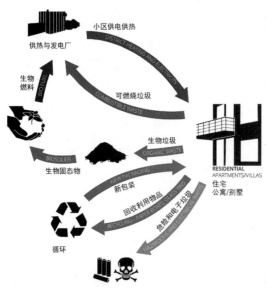

图 2-2-19　废物处理的循环示意图

资料来源：Andrea Gaffney, Vinita Huang, etc. An urban development case study of Hammarby Sjöstad in Weden, Stockholm.[EB/OL]. 2007. https://www.solaripedia.com/files/718.pdf.

图 2-2-20　固定真空回收网络系统示意图

资料来源：Andrea Gaffney, Vinita Huang, etc. An urban development case study of Hammarby Sjöstad in Weden, Stockholm.[EB/OL]. 2007. https://www.solaripedia.com/files/718.pdf.

图 2-2-21　移动真空回收网络系统示意图

资料来源：Andrea Gaffney, Vinita Huang, etc. An urban development case study of Hammarby Sjöstad in Weden, Stockholm.[EB/OL]. 2007. https://www.solaripedia.com/files/718.pdf.

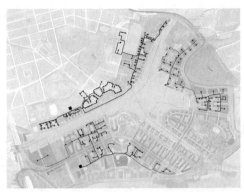

图 2-2-22 地下固定真空回收网络系统分布图

资料来源：根据 Andrea Gaffney，Vinita Huang，etc.
An urban development case study of Hammarby Sjöstad
in Weden，Stockholm 改绘.

图 2-2-23 移动真空回收网络系统分布图

资料来源：根据 Andrea Gaffney，Vinita Huang，etc.
An urban development case study of Hammarby Sjöstad
in Weden，Stockholm 改绘.

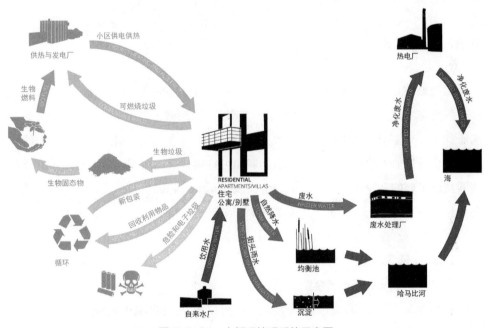

图 2-2-24 水循环处理系统示意图

资料来源：根据 Andrea Gaffney，Vinita Huang，etc，An urban development case study of
Hammarby Sjöstad in Weden，Stockholm 改绘.

（3）多层面资源循环系统实现能量自给：哈马比规划通过自身的资源循环利用系统，实现普通社区居民的能源供给，达到能量自给自足的效果。在城市公共能量供给方面，通过电热厂、地下垃圾回收系统、污水处理系统相结合，生产热力与电力，电热厂生产过程中的废弃物残渣用于生产生物燃料，供给城市公共交通和新能源汽车。在家庭生活能量供给方面，建筑设计充分利用太阳能，运用大窗户、大阳台、建筑物外墙及房顶的太阳能板产生能量，满足家庭热水需求（图 2-2-25、图 2-2-26）。

图 2-2-25 供暖系统燃料占比

资料来源：Andrea Gaffney，Vinita Huang，etc. An urban development case study of Hammarby Sjöstad in Weden，Stockholm.[EB/OL]. 2007. https://www.solaripedia.com/files/718.pdf.

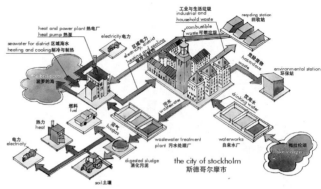

图 2-2-26 资源循环系统综合发展战略

资料来源：根据 Andrea Gaffney，Vinita Huang，etc，An urban development case study of Hammarby Sjöstad in Weden，Stockholm 改绘．

2.3 海绵城市

海绵城市是新一代城市雨洪管理概念，指城市在适应环境变化和应对雨水带来的自然灾害方面具有良好的"弹性"或"韧性"。海绵城市理念包含了生态恢复、人为干预、源头控制、低影响开发等重要生态思想，契合当代中国生态文明建设的大背景，也是目前解决城市内涝和水质问题的可持续方式。海绵城市为传统城市设计实践找到了新的开发建设模式，成为解决城市雨洪问题的重要途径，能够优化城市各种相关的要素系统，有助于创造高品质的城市空间环境。

2.3.1 理念内涵

1. 海绵城市解决哪些问题？

邵益生表示，海绵城市建成后，不仅可以解决当前城市内涝灾害、雨水径流污染、水资源短缺等突出问题，有利于修复城市水生态环境，还可以带来综合生态环境效益，如通过城市植被、湿地、溪流的保存和修复，可以明显增加城市"蓝""绿"空间，减少城市热岛效应，改善人居环境；同时为更多生物尤其是水生物提供栖息地，提高城市生物多样性水平（图 2-3-1、图 2-3-2）。

通过海绵城市建设，将实现缓解城市内涝、削减径流污染、提高雨水资源化水平、降低暴雨内涝控制成本、改善城市景观等多重目标[①]。

2. 何谓"海绵城市"？

"海绵城市"是一种形象的表述，国际通用术语为"低影响开发雨水系统构

---

① 深圳市水务局。

图 2-3-1 海绵城市示意图（1）

资料来源：buzz 庄子玉工作室 . 广州沥滘商务区规划 [EB/OL]. 2023.https：//buzzarchitects.com/project/2504.

图 2-3-2 海绵城市示意图（2）

资料来源：俞孔坚，李雷 . 缓解内涝需营造
"海绵城市" [J]. 中国经济报告，2016，
82（8）：52-55.

图 2-3-3 广州天河智慧城海绵系统

资料来源：土人设计 . 广州天河智慧城海绵系统
[EB/OL]. [2018-05-17].https：//www.turenscape.com/
project/detail/4656.html.

建"，指的是城市像海绵一样，有降雨时能够就地或就近吸收、存蓄、渗透、净化径流雨水，补充地下水，调节水循环；在干旱缺水时有条件地将蓄存的水"释放"出来并加以利用，缓解城市缺水现状，从而让水在城市中的迁移活动更加"自然"。海绵城市建设是让作为"城市之肺"的水系湿地等能正常代谢，作为"城市皮肤"的土壤能正常呼吸，让城市逐渐回归自然的水文循环（图 2-3-3）。

从广义上讲，"海绵城市"指山、水、林、田、湖、城这一生命共同体具有良好的生态机能，能够实现城市的自然循环、自然平衡和有序发展；从狭义上讲，"海绵城市"是指能够对雨水径流总量、峰值流量和径流污染进行控制的管理系统，特别是针对分散、小规模的源头初期的雨水控制系统。住房和城乡建设部在《海绵城市建设技术指南——低影响开发雨水系统构建》中指出：海绵城市是指城市能够像海绵一样，在适应环境变化和应对自然灾害等方面具有良好的"弹性"，下雨时吸水、蓄水、渗水、净水，需要时将储存的水"释放"并加以利用（图 2-3-4、图 2-3-5）。

城市设计：理论与方法

图 2-3-4　传统城市与海绵城市建设模式比较
资料来源：仇保兴.海绵城市（LID）的内涵、途径与展望 [J]. 建设科技，2015（1）：11-18.

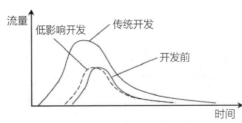

图 2-3-5　低影响开发水文原理示意图
资料来源：中华人民共和国住房和城乡建设部.住房城乡建设部关于印发海绵城市建设技术指南——低影响开发雨水系统构建（试行）的通知 [EB/OL]. 2014. https：//www.mohurd.gov.cn/gongkai/zhengce/zhengcefilelib/201411/20141103_219465.html.

2.3.2　设计策略

1.海绵城市开发模式

海绵城市建设的模式为低影响开发模式，并强调绿色基础设施的应用：

（1）低影响开发模式（Low Impact Development，LID）：低影响开发模式是一种新的暴雨管理设计理念，相比于最佳管理措施（Best Management Practices，BMPs，控制城市降雨径流量和水质的综合性措施，其核心理念停留在末端的综合管理），LID 更侧重于城市雨水管理的源头介入及其生态性、系统性和可持续措施的应用[①]。其主旨是通过规划设计和技术手段收集、过滤雨水，控制雨水地表径流量，减少其对城市环境造成的污染和破坏，从而使城市开发区域尽量接近开发前的自然水文循环状态（表 2-3-1）。

LID 开发模式与传统排水工程比较　　　　表 2-3-1

比较因素	传统排水工程特点	LID 开发模式特点
目标特征	单一目标雨水排放系统	多目标雨水排水系统
设计主旨	雨水快产快排	调节洪峰、控制水土流失、雨水入渗等
水文特征	改变水文循环	恢复水文循环
系统特征	雨水收集系统采用集中式	雨水收集系统采用分散式
景观特征	独立于景观设计之外	与景观设计有机结合
水量特征	不考虑雨污水溢流	可以控制合流制雨污水溢流量
生态特征	无生态性	绿色生态排水系统
最优化设计	不考虑最优化设计	最优化的多目标排水系统
设计对象	大暴雨	大部分的雨水

资料来源：洪忠，范培沛.低冲击开发模式在城市雨水系统中的应用 [J]. 中国农村水利水电，2011（7）：76-77，80.

---

① 苗展堂.微循环理念下的城市雨水生态系统规划方法研究 [D]. 天津：天津大学，2013.

（2）绿色基础设施（Green Infrastructure，GI）："绿色基础设施"把自然系统作为城市不可或缺的基础设施加以规划、利用和管理，即"绿色基础设施是城市自然生命保障系统，是一个由多类型生态用地组成的相互联系的网络"[①]。

2. 海绵城市建设内容[②]

（1）保护原有生态系统：通过科学合理划定城市的"蓝线""绿线"等开发边界和保护区域，最大限度地保护原有河流、湖泊、湿地、坑塘、沟渠、树林、公园草地等生态体系，维持城市开发前的自然水文特征（包括径流总量、径流峰值、径流污染）。

（2）恢复和修复受破坏的水体及其他自然环境：对传统粗放建设模式下已破坏的城市绿地、水体、湿地等，综合运用物理、生物和生态等技术手段，使其水文循环和生态功能逐步修复，并维持一定比例的城市生态空间，促进城市生态多样性提升。我国很多地方结合点源污水治理的同时推行"河长制"，治理水污染，改善水生态，起到了很好的效果。

（3）推行低影响开发：在城市开发建设过程中，合理控制开发强度，减少对原有水生态环境的破坏。留足生态用地，适当开挖河湖沟渠，增加水域面积。此外，全面采用屋顶绿化、可渗透的路面、人工湿地等促进雨水积存净化。并通过种种低影响措施及其系统组合有效减少地表水径流量，减轻暴雨对城市运行的影响（图2-3-6~图2-3-9）。

图 2-3-6　划定蓝线与绿线

资料来源：仇保兴.海绵城市（LID）的内涵、途径与展望 [J].建设科技，2015（1）：11-18.

图 2-3-7　系统的生态修复

资料来源：仇保兴.海绵城市（LID）的内涵、途径与展望 [J].建设科技，2015（1）：11-18.

图 2-3-8　低影响开发设施

资料来源：仇保兴.海绵城市（LID）的内涵、途径与展望 [J].建设科技，2015（1）：11-18.

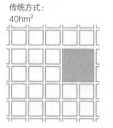

图 2-3-9　传统绿色系统与海绵城市绿色系统建设模式

资料来源：仇保兴.海绵城市（LID）的内涵、途径与展望 [J].建设科技，2015（1）：11-18.

① 张浪，郑思俊.海绵城市理论及其在中国城市的应用意义和途径 [J].现代城市研究，2016（7）：2-5.

② 仇保兴.海绵城市（LID）的内涵、途径与展望 [J/OL].建设科技，2015（1）：11-18.DOI：10.16116/j.cnki.jskj.2015.01.003.

2.3.3 实践案例

1. 美国圣安东尼奥河滨水改造

• 河道景观工程的应用

圣安东尼奥河通过局部改造修复河床、纵向修复河道、调控洪水以及处理排水口，实现了圣安东尼奥河的防洪整治。桥梁下的通道被改造成展示艺术才华的地方，与沿河空间组成了游憩系统。

美国圣安东尼奥河曾经是一条宽度不及 2m 的湍急小河，20 世纪 20 年代建设的"帕塞欧·迪尔·里约滨水步行带"使圣安东尼奥河成为美国一处著名的旅游胜地。随着城市的发展以及河流防洪工程的建设，圣安东尼奥河逐渐丧失了自然属性，对城市环境造成了不利影响。

图 2-3-10　美国圣安东尼奥河

资料来源：San Antonio San Antonio River Authority San Antonio River Oversight Committee. SAN ANTONIO RIVER IMPROVEMENTS PROEGESIG DESIGN GUIDELINE[Z]. 2001.

圣安东尼奥河的改造可以追溯到 20 世纪 20 年代。1921 年 9 月，圣安东尼奥河发生了一次洪水决堤，造成了数百万美元的经济损失和 50 人死亡，这次洪水引发政府对圣安东尼奥河进行防洪整治（图 2-3-10）。

1）河道改造工程[①]

河道改造一般有三种典型的局部改造途径：（图 2-3-11、图 2-3-12）

（1）在现有河道基础上进行局部改造。这种方法对现有的二级河道重新进行调整，但仅限于现有泄洪河道范围以内。

（2）购置现有泄洪河道以外的少量土地，拓宽河道，使河流恢复到接近天然河道的状态。

（3）运用河流地貌学的原理对河流进行修复，使其完全恢复自然面貌。这种途径是对现有河床的彻底改造，因此需要购置大量沿河两岸的土地。

由于工程的总造价和场地用地条件的限制，南部河段的修复措施综合采用前两种途径。当然，采用这种方法不能把河流恢复到完全自然的状态，但其景观和生态环境质量得到了非常有价值的改观。

2）洪水调控措施[①]

（1）扩大河床外侧的河流横断面，增加和拉长河床的蜿蜒度。

---

① 陈可石，刘轩宇. 基于生态修复的城市滨河区景观改造研究：以美国圣安东尼奥河改造为例 [J]. 生态经济，2014，30（7）：188-192.

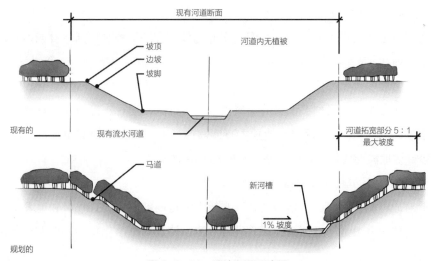

图 2-3-11 河流断面示意图

资料来源：Bexar County City of San Antonio San Antonio River Authority San Antonio River Oversight Committee. SAN ANTONIO RIVER MPROVEMENTS PROEGESIG DESIGN GUIDELINE[Z]. 2001.

图 2-3-12 南部河段规划前后对比效果图

资料来源：康汉起，史蒂文·夏尔. 美国圣安东尼奥河改造项目回顾 [J]. 中国园林，2008（5）：40-48.

（2）拆除大坝，可以有效地减少洪水威胁。

（3）在下游地区开挖大水面，稍大的水面通过现有河道下挖形成。

（4）确定植被及地形、道路等构筑物对河槽过水能力的影响，并以此来决定河流景观的种植和竖向设计。调整植被的界限，防止河槽内的植被促使水位升高和洪水能量的增加。

3）河床修复（图 2-3-13）

由于受到用地条件的约束，现有河道无法完全被恢复到天然河道的状态。但可以对枯水河道在河床范围内进行整理，创造出类似于天然河流的曲流模式。蜿蜒的枯水河道不仅更加接近天然河道，而且有效地减少了水流对驳岸的侵蚀。控制侵蚀采用植被覆盖和土壤生态工程的方法，包括使用天然材料创造侵蚀防护带和天然的石砌结构。

4）河道纵向修复（图 2-3-14）

圣安东尼奥河纵坡较为平缓，但在南部的教会宅院河段从伦斯达林荫道（Lone Star Boulevard）至圣彼得罗河（the San Pedro Creek）与圣安东尼奥河交汇处这一段，河道纵坡的坡度要大一些，必须采用挡水坝、堰等构筑物来阻止激流对河底的冲蚀及河床下切。原有的系列波浪状的金属挡水坝被拆除，用石头等当地的材料砌筑新的挡水坝，上面留 15cm 深的水使独木舟能够通过。一些挡水坝被用来蓄水以便在风景较好的地段形成较大水面，便于开展水上活动。

5）排水口的处理（图 2-3-15、图 2-3-16）

针对原有的排水口，包括城区地表水排入河道内的雨水管排水口和地表径流排水槽，通过建设湿生环境等措施对其进行改造，使其具有净化功能，在视觉上也有自然的美感。

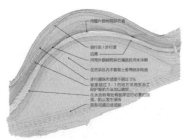

图 2-3-13 河床设计图

资料来源：Bexar County City of San Antonio San Antonio River Authority San Antonio River Oversight Committee. SAN ANTONIO RIVER MPROVEMENTS PROEGESIG DESIGN GUIDELINE[Z]. 2001.

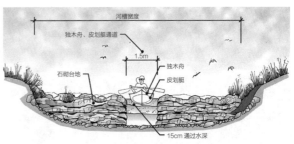

图 2-3-14 控制河床纵向坡度的石堰示意图

资料来源：Bexar County City of San Antonio San Antonio River Authority San Antonio River Oversight Committee. SAN ANTONIO RIVER MPROVEMENTS PROEGESIG DESIGN GUIDELINE[Z]. 2001.

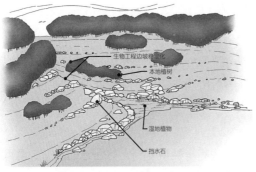

图 2-3-15 排水口处理效果图

资料来源：Bexar County City of San Antonio San Antonio River Authority San Antonio River Oversight Committee. SAN ANTONIO RIVER MPROVEMENTS PROEGESIG DESIGN GUIDELINE[Z]. 2001.

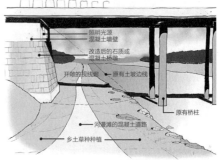

图 2-3-16 桥墩改造示意图

资料来源：Bexar County City of San Antonio San Antonio River Authority San Antonio River Oversight Committee. SAN ANTONIO RIVER MPROVEMENTS PROEGESIG DESIGN GUIDELINE[Z]. 2001.

6）游憩系统（图2-3-17~图2-3-19）

圣安东尼奥河改造的另一个主要目标是建造一条连续的、从河流最北端到最南端的长达24km的步行和自行车道。沿河步行道连接教会宅院遗址的道路体系，从而丰富滨水地区的文化内涵。在河道景观较好的地方设置观景平台和野餐区，结合水面提供多种休闲方式，如野餐、自行车、划船、垂钓等，乘独木舟能够从白杨大街一直到达埃斯帕达教会遗址，良好的植被状况也为观鸟和观看野生动植物提供了机会。静态的休闲活动优先于各种体育活动，体育活动仅仅出现在环境允许的地方，以减少对动植物的干扰。

由于沿河步行道必须从为数众多的桥梁下面穿过，因此这些桥梁下面的通道成为河道风景规划过程中必须考虑的要素之一。现存桥梁的宽度决定了流经桥梁下面的河面的宽度，规划中有桥梁通过的地方的河道宽度仍然保持原状，桥墩处的土坡被铲除，取而代之的是垂直的挡土墙，这些挡土墙将成为当地手工艺术家们展示他们才华的地方，桥梁下面的通道也因此被亮化。

2. 南昌市朝阳洲口袋公园设计

● 口袋公园设计元素

朝阳洲口袋公园以创建生态城市空间为目的，设计要素上采用透水铺装、弹性植物搭配、下沉式绿地、植草沟、雨水调蓄模式及景观基础设施，成为区域性绿色生态公园的典型设计案例。

朝阳洲位于江西省南昌市赣江主河道东侧，是由赣江、抚河故道、桃花河等共同围成的河流沙洲。该口袋公园位于朝阳洲街道境内，是朝阳新城建设的

图2-3-17　圣安东尼奥市区的滨河步道范围

资料来源：陈泳，吴昊.让河流融于城市生活——圣安东尼奥滨河步道的发展历程及启示[J].国际城市规划，2020（5）：124-132.

图2-3-18　马克工程公司提出的滨河步道改造方案（1961年）

资料来源：Fisher L F. River walk: the epic story of San Antonio's river[M]. San Antonio: Maverick Books, 2006.

图2-3-19　滨河步道的亲水堤岸

资料来源：陈泳，吴昊.让河流融于城市生活——圣安东尼奥滨河步道的发展历程及启示[J].国际城市规划，2020（5）：124-132.

重要组成部分[1]（图2-3-20）。朝阳洲口袋公园是交叉路口的街头绿地（图2-3-21），主要涉及16个口袋公园，占地面积1000~6000m² 不等，散布在朝阳洲各个街道上，穿插在城市建筑物之间，各个口袋公园通过城市道路连接形成一个网络，如同城市的水系，为区域建立生态、绿色、开放的文化。在设计中，特别重视各个口袋公园内材料的运用及自然生态系统布置，并结合当下提倡的"海绵城市"概念，对场地进行了充分的发掘和设计（图2-3-22）。

1）透水铺装（图2-3-23）

道路铺装方面，大部分采用最普遍的纹样设计，以透水路面为主，利用不同材料的质感、颜色对比划分空间，以及通过铺装的纹样方向引导游客观赏游行。透水路面通过各种技术手段使不可渗的路面变为可渗透水的路面，直接减少地表径流。各个口袋公园中的透水铺装采用铺装面层材料，主要运用在口袋公园中的广场、园路、汀步等。如此，雨水可通过透水地面渗透至土层深处，净化雨水，补充城市地下水，减少公园路面积水，缓解城市环境污染，提高城市泄洪能力。

2）弹性植物搭配

图 2-3-20　区位分析图

资料来源：陈婷婷.基于海绵城市理念的城市口袋公园设计研究 [D]. 南昌：南昌大学，2017.

图 2-3-21　朝阳洲口袋公园总平面分布图

资料来源：陈婷婷.基于海绵城市理念的城市口袋公园设计研究 [D]. 南昌：南昌大学，2017.

图 2-3-22　口袋公园服务辐射区域

资料来源：陈婷婷.基于海绵城市理念的城市口袋公园设计研究 [D]. 南昌：南昌大学，2017.

各个口袋公园通过生态修复技术改善城市小环境，利用大自然的生态修复能力，在适当的人工措施辅助下，恢复生态系统原有保持水土、维持生物多样性的生态功能和开发利用的经济功能。

（1）近自然原则：在植被种类上应当遵循近自然原则，选择本地物种。

---

① 陈婷婷.基于海绵城市理念的城市口袋公园设计研究 [D]. 南昌：南昌大学，2017.

（2）生态效益：植物占据重要的生态地位，对于完善生态系统、净化水质发挥着显著作用，因此要注重引入植物的功能性和生态学特征。

（3）依据园林美学搭配：适当引入其他品种时，应满足景观要求，植物搭配应具有良好的景观观赏价值。

（4）遵循品种多样性原则：多样性包括植物种类、结构和功能多样性，各品种的配置量和比例、结构应满足生态多样性要求，有助于构建稳定的生态系统。

3）下沉式绿地（图2-3-24）

口袋公园的下沉式绿地根据下沉式绿地设计方法来设计，综合绿地服务、汇水面积、土壤渗透系数、周边设施的布置情况等多种影响因素，合理确定下沉式绿地的设计控制参数，如绿地下沉深度及绿地面积。口袋公园中下沉式绿地一般低于道路10~20cm，并且在地下设有排水盲管，结合高差地势，种植不同种类的植被，形成参差错落的自然效果。在绿地边设置人行漫步道及高差木平台，为游人提供良好的观景点，形成以观赏休憩为主的开敞绿色空间。

图2-3-23 透水铺装示意图

资料来源：陈婷婷.基于海绵城市理念的城市口袋公园设计研究[D].南昌：南昌大学，2017.

图2-3-24 下沉式绿地示意图

资料来源：陈婷婷.基于海绵城市理念的城市口袋公园设计研究[D].南昌：南昌大学，2017.

图2-3-25 植草沟效果图

资料来源：陈婷婷.基于海绵城市理念的城市口袋公园设计研究[D].南昌：南昌大学，2017.

4）植草沟（图2-3-25）

运用植草沟代替传统的沟渠排水系统。植草沟植物的搭配，不仅具有很好的景观效果，而且能对雨水起到传输、净化的作用。口袋公园中的植草沟不仅柔化了空间界限，还弱化了地界的冷硬。浅沟里的植物为小区域增加了生物多样性，形成丰富的水生植物群落。

5）雨水调蓄模式（图2-3-26~图2-3-30）

朝阳洲口袋公园为了将海绵城市理论落实到实践中，采用了三种雨水调蓄模式，即单一调蓄模式、外部协作调蓄模式、整体调蓄模式。

图 2-3-26　雨水蓄水池示意图

资料来源：陈婷婷.基于海绵城市理念的城市口袋公园设计研究 [D]. 南昌：南昌大学，2017.

图 2-3-27　单一调蓄模式示意图

资料来源：陈婷婷.基于海绵城市理念的城市口袋公园设计研究 [D]. 南昌：南昌大学，2017.

图 2-3-28　外部协作调蓄模式示意图

资料来源：陈婷婷.基于海绵城市理念的城市口袋公园设计研究 [D]. 南昌：南昌大学，2017.

图 2-3-29　整体调蓄模式示意图（上）

资料来源：陈婷婷.基于海绵城市理念的城市口袋公园设计研究 [D]. 南昌：南昌大学，2017.

图 2-3-30　整体调蓄模式示意图（下）

资料来源：陈婷婷.基于海绵城市理念的城市口袋公园设计研究 [D]. 南昌：南昌大学，2017.

6）景观基础设施（图 2-3-31）

建筑小品既有观赏游憩的功能，也有点缀、美化景区的作用，同时又可以作为景区标志性小品。口袋公园内实用性的建筑小品包括廊架、休息座椅、园灯、垃圾桶、文化展示牌、健身器材等，装饰性的建筑小品包括水景雕塑、景石、喷泉等。整个建筑小品的设计风格以现代化为主，以造型简洁大方、色彩单一为主，与各个口袋公园类型相符合。雨水调蓄池作为一项多功能回收利用设施，在口袋公园中可以达到雨水循环利用的目标。

2.4　韧性城市

韧性城市是指一座城市拥有足够容纳、维持现今及未来社会、经济、环境、科技发展所带来的压力，尤其是城市基础设施能应对可能产生的自然或人为灾害的调适能力，以及城市未来可持续健康发展，居民生活品质提升所具备的发展潜质。近年来，随着各国对公共卫生

图 2-3-31　美国 NorthPoint 口袋公园
资料来源：绿之林. 把公园装进城市的"口袋"，妙哉！[EB/OL]. [2019-04-26]. https://www.sohu.com/a/312276454_796243?sec=wd.

的日益重视，基于韧性理论外延出了健康城市理论，希望通过韧性城市的建设提升城市应对公共卫生危机的抵御能力，构建更宜居舒适的人民城市。

2.4.1　理念内涵

韧性（Resilience）指恢复到原始状态的能力，最早在 1970 年代被应用于系统生态学中，用来定义生态系统的稳定状态[①]。此概念在后期逐渐被引入人类生态学，向"工程韧性""生态韧性""社会—生态系统"韧性等多方向发展[②]。关注城市化的学者也逐开始提出"社区韧性"与"城市韧性"等相关概念[③]（图 2-4-1）。

"韧性城市"概念在 2002 年倡导地区可持续发展国际理事会（ICLEI）被首次提出，旨在建立城市防灾系统；2013 年洛克菲勒基金会（Rockefeller Foundation）启动评选"全球 100 韧性城市"项目，以引起人类对城市韧性的关注；随后韧性城市的

① HOLLING C S. Resilience and stability of ecological systems[J]. Annual review of ecology and systematics, 1973, 4（4）: 1–23.
② 赵瑞东，方创琳，刘海猛. 城市韧性研究进展与展望 [J]. 地理科学进展, 2020, 39（10）: 1717–1731.
③ 彭翀，郭祖源，彭仲仁. 国外社区韧性的理论与实践进展 [J]. 国际城市规划, 2017（4）: 60–66.

研究扩展到经济、生态、社会、健康、设施、制度等韧性层面。我国在 2008 年汶川大地震中意识到城市韧性的重要性，并在随后的海绵城市以及浙江、上海等地方的实践中逐步运用相关理念。

2020 年的《中共中央关于制定国民经济和社会发展第十四个五年规划和二〇三五年远景目标的建议》明确提出建设"韧性城市"，要求提高城市治理水平，加强特大城市治理中的风险防控。

图 2-4-1 韧性城市模式图
资料来源：浙江大学韧性城市研究中心.韧性城市模式 [EB/OL]. 2023. http://www.rencity.zju.edu.cn/index.html#/index.

2.4.2 设计策略

1. 韧性城市的五大特征 [①]

（1）鲁棒性（Robustness）：城市抵抗灾害的能力，减轻由灾害导致的城市在经济、社会、人员、物质等多方面的损失。

（2）可恢复性（Rapidity）：灾后快速恢复的能力，城市能在灾后较短的时间恢复到一定的功能水平。

（3）冗余性（Redundancy）：城市中关键的功能设施应具有一定的备用模块，当灾害突然发生造成部分设施功能受损时，备用的模块可以及时补充，整个系统仍能发挥一定水平的功能，而不至于彻底瘫痪。

（4）智慧性（Resourcefulness）：有基本的救灾资源储备以及能合理调配资源的能力。能够在有限的资源下优化决策，最大化资源效益。

（5）适应性（Adaptive）：城市能够从过往的灾害事故中学习，提升对灾害的适应能力。

2. 韧性城市的四个维度（图 2-4-2）

（1）技术（Technical）：减轻建筑群落和基础设施系统由灾害造成的物理损伤。基础设施系统损失指包括交通、能源和通信等系统提供服务的中断。

（2）组织（Organization）：包括政府灾害应急办公室、基础设施系统相关部门、公安部门、消防部门等在内的机构或部门能在灾后快速响应，包括开展房屋建筑维修工作、控制基础设施系统连接状态等，从而减轻灾后城市功能的中断程度。

（3）社会（Society）：减少灾害人员伤亡，能够在灾后提供紧急医疗服务和临时的避难场地，在长期恢复过程中可以满足当地的就业和教育需求。

（4）经济（Economic）：降低灾害造成的经济损失，减轻经济活动所受的灾害影

---

① 浙江大学韧性城市研究中心.韧性城市理论框架 [EB/OL]. http://www.rencity.zju.edu.cn/26324/list.htm.

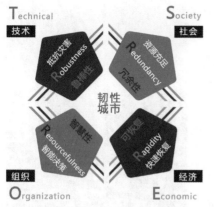

图 2-4-2 韧性城市的维度

资料来源：浙江大学韧性城市研究中心 . 韧性城市的特征和维度 [EB/OL]. 2023.http：// www.rencity.zju.edu.cn/index.html#/index.

图 2-4-3 韧性城市决策支持平台

资料来源：浙江大学韧性城市研究中心 . 韧性城市决策支持平台 [EB/OL]. 2023.http：//www.rencity.zju.edu.cn/index. html#/index.

响。经济损失既包括房屋和基础设施以及工农业产品、商储物资、生活用品等因灾破坏所形成的财产损失，也包括社会生产和其他经济活动因灾导致停工、停产或受阻等所形成的损失。

韧性城市基于四个维度的考量，通过组建团队，了解情况，确定目标，制订规划，准备、检查和批准规划，实施、更新规划六大规划步骤，构建决策支持与管理一体化平台（图 2-4-3、图 2-4-4）。

2.4.3 实践案例——旧金山南部韧性城市设计（图 2-4-5）[①]

● 塑造"聚拢和联通"的公共空间

旧金山拥有着世界上少有的美丽宜居滨海岸线，但同时也是世界上最脆弱的滨海城市之一。自然环境层面上，由于旧金山地处地震带，地质不稳定，同时在全球气候变暖的压力下，根据预测到 2100 年旧金山湾区的平均海平面将上升 168cm；社会层面上，旧金山面临着基础设施老旧以及租金持续上升、社会贫富差距拉大等各类压力。基于此种情况，旧金山希望通过韧性城市的设计来提升城市抵抗潜在风险的能力，包括以下四大方面的措施。

图 2-4-4 城市韧性规划六大步骤

资料来源：浙江大学韧性城市研究中心 . 韧性城市规划 [EB/OL]. 2023.http：// www.rencity.zju.edu.cn/index.html#/index.

① 《Reslient San Francisco 2040》。

1. 为今后的灾害作准备：确保低收入者的住房需求

提高住房供给的公平性和可负担性，特别关注遭受巨大影响的脆弱居民。政府与非政府组织协同利益相关者一起最大程度地减少集体碳足迹，确保经济增长的同时提供住房和就业机会，并改善空气质量和社区福利。

2. 制定中远期的防灾规划：提前提高应灾能力

从 2018 年起设定中长期的远景规划，其中注重效率管理、资本恢复以及战略合作等方向，通过持续动态的数据采集观测城市的发展变化，并及时将策略运用在城市的总体规划中。针对海平面上升制定专项适应性规划。

图 2-4-5　旧金山南部韧性城市规划
资料来源：City & County of San Francisco. Resilient San Francisco–Stronger Today, Stronger Tomorrow [Z]. 2016.

3. 构建邻里共同体：增强邻里联系与互动（图 2-4-6）

建立邻里应急反应小组（NERT），以便当灾害来临时及时处理危机与风险。通过交通项目 HUB 的开发，增加有轨电车与公共交通，在公共交通集中区域周边建设保障性住房以减少人们的通勤时间。

4. 为明日做规划：制定自我完善的土地利用以及海岸修复计划（图 2-4-7）

在土地利用规划中预留防波堤、紧急避灾、大型基础设施等用地，安排可淹没公园等弹性用地。针对沿海 500km 的海岸线进行生态修复与地震灾害影响评估，结合评估结果和沿岸历史地带进行线路优化，通过简化游径、美化滨水公园以及设置多样防浪堤等形式提高滨水地带应对灾害的弹性。在山脊线到海岸线之间设计由绿色空间、溪涧和商业街道组成的复合网络，作为聚拢、连通和水资源管理的基点。

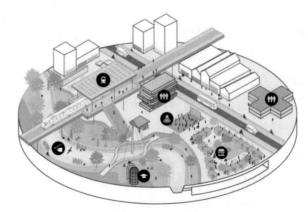

图 2-4-6　构建和谐邻里关系图
资料来源：Hassell 设计事务所 . 旧金山韧性城市设计挑战赛 [EB/OL]. 2023. https://www.hassellstudio.com/cn/project/resilient-by-design.

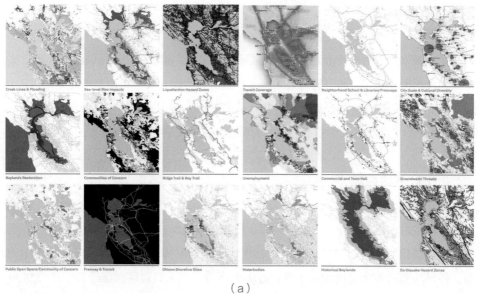

（a）

（b）

（c）

图2-4-7　旧金山南部韧性城市现状分析（a）、海岸线景观修复分析（b）及鸟瞰（c）

资料来源：Hassell 设计事务所. 旧金山韧性城市设计挑战赛 [EB/OL]. 2023. https://www.hassellstudio.com/cn/project/resilient-by-design.

2.5 紧凑城市

紧凑城市是为防止城市无序蔓延发展而被提出的，其核心观点是鼓励高密度开发、土地混合利用、公共交通、提高公共服务设施的可达性及实现市政基础设施的高效利用。紧凑城市理念逐渐演进成为一种集约化的城市发展模式，城市设计从空间设计的角度出发，以紧凑化模式为核心理念，为所有涉及的发展要素提供合理的空间载体。

2.5.1 理念内涵

城市是极具集聚效应同时又有发散效应的人类生存空间。城市自诞生之日起就承载着诸多内在矛盾：作为产业、人口、资源集聚之所，城市是国家社会、政治、经济、文化的核心载体，对推进整个社会现代化进程发挥着无可替代的重要作用；然而，各种功能的集聚又使城市承受着过多的压力，如人口过度膨胀、环境污染加剧、公共设施紧张、就业困难增大等。紧凑城市被认为是解决这些矛盾的可行对策[1]。

1. 紧凑城市的西方理论研究（图 2-5-1~ 图 2-5-3）

迈克尔·诺伊曼（Michael Neuman）认为紧凑城市是作为城市蔓延的对立面而存在的，其本质是降低能源消耗和土地浪费，实现城市的可持续发展[2]。西方学界认为廊道型及多中心"簇群型"是比较理想的紧凑城市，同时密集轨道交通与开放空间保护是紧凑城市的关键因素。紧凑城市通过增加城市人口聚集度来增加城市空间的使用率，通过土地布局和利用的整合与集中促使城市中心区的再发展和再兴旺。迈克尔·雷赫尼（Michael Breheny）将其特点概括为：保护林地和农田；高密度土地开发、用地功能混合；公共交通优先并在站点集中开发[3]。传统欧洲城市如具有密集街道与多样建筑风格的布拉格、具有高密度建筑院落和放射性街道的巴黎、勒·柯

图 2-5-1 新加坡滨海湾开发

资料来源：作者自摄.

图 2-5-2 利物浦旧城更新

资料来源：作者自摄.

① 徐新. 紧凑城市 [M]. 上海：格致出版社，2010.

② MICHAEL N. The compact city fallacy[J]. Journal of planning education and research，2005（11）：11-26.

③ BREHENY M.Urban compaction：feasible and acceptable[J]. Cities，1997，14（4）：209-217.

图 2-5-3 迪拜哈利法塔中央区
资料来源：作者自摄.

图 2-5-4 肇庆山水城市格局
资料来源：吴勇强 . 肇庆山水城市格局 [EB/
OL]. [2022-02-13]. https：//www.sohu.com/
a/693237190_121687424.

图 2-5-5 苏州园林
资料来源：苏州规划 . 新增 18 座园林丨第四批《苏
州园林名录》公布 [EB/OL]. [2018-08-07]. https：//
www.sohu.com/a/245835544_753646.

图 2-5-6 吉安村
资料来源：旅行来了 . 去绝美古村落，过几日不
食人间烟火的日子 [EB/OL]. [2020-03-20]. https：//
www.sohu.com/a/381503726_636922.

布西耶（Le Corbusier）的光明城市与路德维希·希尔伯塞默（Ludwig Hilberseimer）
的垂直城市等[1] 皆具有明显的紧凑度特征。

2. 中国语境下的紧凑城市

中国旧城面临人口密度过高、文化遗产亟需保护、城市开发用地紧张等现实问
题。中国传统的城镇以中心城和卫星城镇为葡萄，公共交通为枝子，嵌入森林、田
园、河流等自然元素，形成大小葡萄形串的样式[2]。因此，"紧凑度" 与 "多样性"
是中国紧凑城市的两大核心要素[3]。

不同于传统的西方城市，中国乃至亚洲的城市具有多样性，例如新加坡历史街区
街道的混合风格、肇庆的山水城市空间格局（图 2-5-4）、苏州低密度的建筑与园林
（图 2-5-5）、吉安分散型村庄的和谐环境（图 2-5-6）。因此，学界有学者认为亚洲的
单中心高密度城市不能简单称为紧凑城市，因其环境与社会承载力更加复杂[4]。1980 年
代以后，这些城市郊区陆续出现低密度与小汽车导向的无序蔓延的 "不紧凑" 现象。

① 徐新 . 紧凑城市 [M]. 上海：格致出版社，2010.

② 陈秉钊 . 城市，紧凑而生态 [J]. 城市规划学刊，2008（3）：28-31.

③ 仇保兴 . 紧凑度与多样性（2.0 版）：中国城市可持续发展的两大核心要素 [J]. 城市发展研究，2012，19（11）：1-12.

④ 于立 . 关于紧凑型城市的思考 [J]. 城市规划学刊，2007（1）：87-90.

2.5.2 设计策略

1. 紧凑的城市结构

紧凑城市最重要的特征是紧凑而有序的空间结构。城市功能中心呈规律性分布，形成轴状、网状或带状等形态，并形成多中心等级分布（图2-5-7）。

理查德·罗杰斯（Richard Rogers）提出了紧凑性、多中心的城市空间发展模式，以快速交通串联多个紧凑性功能组团从而形成城市。其有以下特点：

（1）多中心空间结构：地域内的城镇以组团形式加入整个系统，各个城镇为一个中心，围绕中心城市形成多中心空间发展模式，快速交通系统形成便捷联系并保持良好的间隔。例如，荷兰的兰斯塔德地区是由阿姆斯特丹等四个大城市及若干个小城市围绕"绿心"而形成的多中心网络型空间模式（图2-5-8）。

（2）各中心各具特征：各城镇根据自己的优势特点，有侧重地围绕一种以上的产业结构发展，城镇之间是互补和竞争的关系，内部有完善的路网结构。空间结构受到严格控制，每个城镇发展都有确定的方向，不会影响城镇组团的总体空间（图2-5-9）。

（3）中心城多中心布局：中心城由多个片区组成，各片区保持合适的人口规模和空间规模，用地功能混合布局，居住、商业、工作、休闲等一体发展，居民通过步行、自行车便可满足日常生活的出行需求。

（4）高效的交通联系：在各个城镇之间形成高效、便捷的交通联系，增加城市节点之间的交通可达性，鼓励采用大运量的快速公共交通模式，如城际、地铁等。

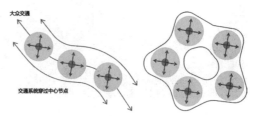

图2-5-7 开放的线性系统（左）、封闭的环形系统（右）

资料来源：孙根彦. 面向紧凑城市的交通规划理论与方法研究 [D]. 西安：长安大学，2012.

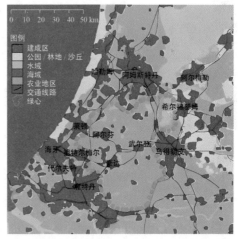

图2-5-8 荷兰绿心（Greenheart）空间规划

资料来源：张衔春，龙迪，边防. 兰斯塔德"绿心"保护：区域协调建构与空间规划创新 [J]. 国际城市规划，2015，30（5）：57–65.

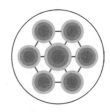

图2-5-9 单中心城市结构（左）、多中心城市结构（右）

资料来源：孙根彦. 面向紧凑城市的交通规划理论与方法研究 [D]. 西安：长安大学，2012.

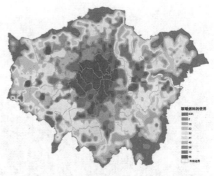

图 2-5-10　新加坡城市用地布局图
资料来源：URBAN REDEVELOPMENT AUTHORITY.
Master Plan [EB/OL]. 2019. https：//www.ura.gov.sg/
maps/?service=MP.

图 2-5-11　伦敦建成区热点密度图
资料来源：GREATER LONDON AUTHORITY.
The London plan 2016[Z]. 2016.

2. 高密度的城市开发（图 2-5-10、图 2-5-11）

高密度的土地开发模式，一方面可以遏制城市蔓延扩张，保护城市郊区的绿色开敞空间；另一方面可以有效缩短居民交通出行距离，降低对小汽车的依赖，鼓励公共交通和慢行交通，从而降低能源消耗，减少汽车废气排放；再者可以在有限的城市范围内容纳更多的城市活动，提高公共服务设施的利用效率，减少基础设施建设的人均投入[①]。

高密度的城市开发，在一定程度上能够遏止城市无序蔓延，节省土地资源，承载更多的社会活动，从而提高城市土地的利用效益。同时可以在更小的出行范围内提供更多工作、学习、就业、生活、娱乐等机会，形成城市的多样化生活[②]。

2.5.3　实践案例——香港紧凑城市建设[③④]

• 多中心的空间格局；高度发达的公共交通系统；高密度、高混合度的土地使用

中国香港陆地面积 1100km[2]，人口达 686 万，是世界上发展最紧凑的地区之一，其人口密度高达 6000 人 /km[2]，每天将近有 1200 万人出行。面对人多地少的现实矛盾，香港城市规划不得不从效益出发，考虑优化利用每一寸土地，走高密度、高效率发展的道路。紧凑发展模式无疑地成为香港城市发展的策略之一，贯穿于香港所有城市发展计划和具体建设项目策划之中（图 2-5-12）。

1. 多中心的空间格局

自 20 世纪初开始，大量移民的涌入导致香港地区人口迅速增长。香港人口的增长为城市用地扩展带来了巨大压力，与此同时人口在都市区高度聚集，分布极为不

---

① 理查德·罗杰斯. 小小地球上的城市 [M]. 北京：中国建筑工业出版社，2004.

② 孙根彦. 面向紧凑城市的交通规划理论与方法研究 [D]. 西安：长安大学，2012.

③ 秦鹤洋. 基于紧凑城市理论的大城市空间布局形态研究 [D]. 济南：山东建筑大学，2016.

④ 殷子渊. 协同、紧凑：香港新市镇发展与港铁建设回顾 [J]. 住区，2016（2）：12-17.

图 2-5-12　中国香港

资料来源：Construction+. Rethinking Hong Kong's urban density post-COVID-19[EB/OL]. [2020-08-07]. https://www. constructionplusasia.com/hk/rethinking-hong-kongs-urban-density-post-covid-19/.

图 2-5-13　港铁网络和新市镇区域示意图

资料来源：殷子渊. 协同、紧凑：香港新市镇发展与港铁建设回顾 [J]. 住区，2016（2）：12-17.

均。多山地形和港口集聚效应的影响使香港在 20 世纪 50 到 60 年代的发展主要集中在香港岛和九龙地区，1961 年全港人口密度为 2916 人 /km²，而香港岛和九龙地区的人口密度分别为 13303 人 /km² 和 84816 人 /km²。如此拥挤的都市区，城市住房极度紧张，工业发展也缺乏用地，这使香港考虑开拓新的发展区域，建设新市镇。

香港城市规划中的"新市镇"与"新城"具有相同的内涵，也是为了疏散城市中心人口、截留外来人口，从而缓解旧城区在居住、交通、就业等各方面的压力，缓解单核心向外圈层恶性蔓延发展的态势。从 1972 年开始，基于港铁系统的发展，新市镇开始进行建设，以轨道站为核心发展并形成新市镇中心，并对各个新城进行明确的功能定位，辅以社区建设、公共服务设施建设、促进本地就业等方面的配套措施，保证新城的可持续发展，从而在全港层面形成多中心的空间格局（图 2-5-13）。

2. 高度发达的公共交通系统

香港紧凑发展的显著特点之一就是高度发达的公共交通系统。

一方面，以城市发展为导向设置交通节点，建立以交通枢纽为中心的社区，把集中式高密度住宅建设与交通枢纽建设紧密结合，通过发展公共交通引导城市空间拓展，运用 TOD 等发展模式，形成紧凑的空间布局。香港轨道站对城市空间集聚的影响特征可以概括为：围绕轨道站形成相对外围区域更高密度的土地开发；社会服务和生活设施在站点周边集聚；结合城市更新和改造过程实现空间和社会经济活动在车站周边的集聚。东铁线上的粉岭、上水车站附近的建设过程可以代表性地反映以上特征，1980 年代两个车站区域几乎还是空白，随着广九铁路电气化成为高运能客运线，可以清晰地看到围绕两个车站形成了高密度居住区；土地规划示意图显示站点周边均为高密度居住用地（图 2-5-14）。

另一方面，构建多种公共交通方式有效接驳的公共交通系统，通过地铁、轻

图 2-5-14 粉岭、上水车站周边
发展变化
资料来源：殷子渊.协同、紧凑：
香港新市镇发展与港铁建设回顾 [J].
住区，2016（2）：12-17.

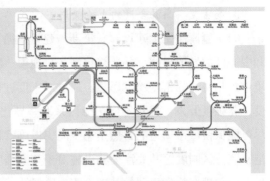

图 2-5-15 香港轨道交通系统线路布局
资料来源：港铁 MTR. 港铁路线图 [EB/OL]. 2023.https：//
www.mtr.com.hk/ch/customer/jp/mtrMap.html.

轨、巴士和轮渡等多种方式覆盖全港 90% 的区域，提高城市可达性，减少对私人交通方式的依赖。由于彻底推行"公交优先及高密度发展"，香港打造成了一个"步行友好"的地区。香港轨道交通站点密集，九龙及香港岛的地铁站点基本可以步行到达。人们正常徒步 500m 距离所需时间为 6~10min，是比较舒适的路程。全港约 75% 的商业及办公楼宇和约 40% 的住宅，都在距铁路车站

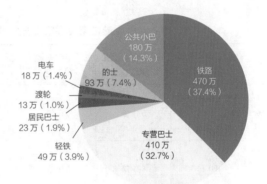

图 2-5-16 香港 2016 年公共交通服务
平均每日乘客人次分布
资料来源：香港特别行政区运输署.公共交通 [EB/OL].
2016. https://www.td.gov.hk/mini_site/atd/2017/sc/
section5_2.html.

500m 的距离内。70% 的乘客通过步行去车站，极为人性化。只有 3% 的旅客需要采用其他交通形式去车站上车（表 2-5-1、图 2-5-15、图 2-5-16）。

公共交通高使用率　　　　　　　　　　　　　　　　　　表 2-5-1

描述	居民百分比
香港人口生活在轨道交通（铁路、地铁）服务区百分比——到任何地铁站的距离为 500m 之内	50.0%
步行前往地铁站并且出站后仍只需步行到达目的地的乘客百分比	69.4%
步行前往地铁站或步行出站，单程需要其他交通方式辅助的乘客百分比	28.3%
前往地铁站和出站后都需要其他交通方式辅助的乘客百分比	2.3%

资料来源：姜小蕾.紧凑城市理论对城市规划的启发 [D].南京：南京林业大学，2011.

3. 高密度、高混合度的土地使用

（1）紧凑高密度建设：香港新城建设遵循紧凑高密度的原则，首先确定新城区和中心区的发展界线，并严格控制各自规模。城市开发采用土地开发效益与生态环境保护相协调的密度管制思想。通过对密度进行分区管制，引导和规范城市的高密度、高强度开发，并对不同的分区采取差异化管理，以满足生态环境保护的要求，尽可能保留城市周边的自然生态空间，以维持社会、经济及环境等的和谐发展。香港密度分区制度尤其关注公共设施对于开发强度的影响，其原则包括：保证住宅发展密度与现有的和规划的基础设施供给保持平衡，并在环境容量范围之内；注重公共交通设施对于发展密度的影响，高密度的住宅发展应当尽可能位于地铁车站及主要公共交通交汇点周边，以降低对于地面交通的压力和依赖程度；住宅发展的密度应随着与地铁车站及公共交通交汇处的距离增加而降低（表 2-5-2）。

香港住宅发展密度分区的容积率控制　　　　　　表 2-5-2

	住宅发展密度 第一区	住宅发展密度 第二区	住宅发展密度 第三区	住宅发展密度 第四区	住宅发展密度 第五区	住宅发展密度 第六区
都会区	8~10倍（已建地区）、6.5倍（新发展区）	5.0倍	5.0倍	—	—	—
新市镇	8.0倍	5.0倍	3.0倍	0.4倍	—	—
乡镇地区	3.6倍（乡郊市镇商业中心）	2.1倍（乡郊市镇商业中心以外的地区，以及有中等运量交通设施服务的地区）	0.75倍（乡郊市镇外围或其他乡郊发展区，或远离现有居民区但有足够基础设施的地点）	0.4倍（地点同三区，但受基础设施或景观方面限制）	0.2倍（宜取代临时构筑物，以改善地区内的环境）	0.3倍（在传统认可的乡村规定范围界限内）

资料来源：唐子来，付磊. 城市密度分区研究：以深圳经济特区为例 [J]. 城市规划汇刊，2003（4）：1-9.

（2）高混合度的土地使用：现代城市主义的功能分区在某种程度上导致了"大城市病"，而功能在横向和竖向上的混合利用是实现紧凑城市的重要手段。香港高密度发展模式的显著特点之一就是高度混合的土地使用，其使用已超出社区范畴，扩展至整个城市区域，不仅在二维城市用地配置上进行混合，实现职住平衡，更在竖向空间上将大量使用功能叠加，表现为高层建筑地下为交通站点和商场，底层为商业，上层为住宅和办公场所，甚至为学校等文化设施，这就导致建筑与城市的界线逐渐模糊，单体建筑城市化，城市空间立体化，形成立体城市（图 2-5-17、图 2-5-18）。

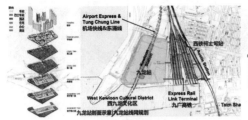

图 2-5-17 九龙站城市环境与群体空间结构示意

资料来源：殷子渊.协同、紧凑：香港新市镇发展与港铁建设回顾 [J].住区，2016（2）：12-17.

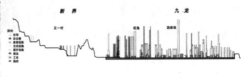

图 2-5-18 香港城市剖面

资料来源：秦鹤洋.基于紧凑城市理论的大城市空间布局形态研究 [D].济南：山东建筑大学，2016.

2.6 立体城市

立体城市通过高密度、高强度的开发和功能混合利用，推动城市空间的集约与紧凑发展。立体城市为传统的城市设计找到新的开发建设模式，实现地上地下的整体规划与联合互动，在建筑空间利用、公共空间整合、交通系统梳理、土地混合利用和增强城镇承载能力方面具有积极作用。

2.6.1 理念内涵

起源于功能复合化的建筑综合体，立体城市的概念于第二次世界大战后被提出。当时勒·柯布西耶为解决欧洲房屋紧缺的状况，提出"城市必须是集中的，只有集中城市才有生命力"的理念，结合他对现代建筑的思想，设计了著名的马赛公寓（图 2-6-1）。

"立体城市"的构想，创造性地扩展了田园城市传统模式。它在土地使用上追求城乡和谐相融（图 2-6-2），又在城市核心区倡导竖向生长、集约发展（图 2-6-3），兼具了城市分散主义和城市集中主义两种特征。其目的是应对快速城市化带来的各种"城市病"，并在绿色环保、智能高效的技术领域进行探索与实践①。

图 2-6-1 马赛公寓

资料来源：极客风.世纪之交孕育出世界十大著名建筑师 [EB/OL]. [2016-08-02]. https://www.sohu.com/a/108762591_354905.

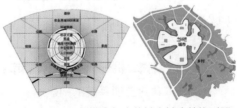

图 2-6-2 田园城市与立体城市城乡结构对照

资料来源：杨潇.基于"立体城市"实践的规划控制研究：以成都万安现代服务业集聚发展区控制性详细规划为例 [A]// 中国城市规划学会.多元与包容：2012 中国城市规划年会论文集.昆明：云南科技出版社，2012：10.

---

① 杨潇.基于"立体城市"实践的规划控制研究：以成都万安现代服务业集聚发展区控制性详细规划为例 [A]// 中国城市规划学会.多元与包容：2012 中国城市规划年会论文集.昆明：云南科技出版社，2012：10.

立体城市响应了城市空间竖向发展的趋势[①]。2009 年 12 月，冯仑在哥本哈根提出了立体城市的概念，其核心为中密度、低能耗、高效率，坚持竖向发展、大疏大密、产城一体、资源集约、绿色交通、智慧管理六大规划策略，立足于便于步行、骑车的设计理念，鼓励绿色出行，以步行环境

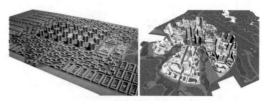

图 2-6-3　明日城市与立体城市集约
发展模式对照

资料来源：杨潇.基于"立体城市"实践的规划控制研究：以成都万安现代服务业集聚发展区控制性详细规划为例 [A]// 中国城市规划学会.多元与包容：2012 中国城市规划年会论文集.昆明：云南科技出版社，2012：10.

为主旨，绿色代步工具为辅助，通过垂直空间的叠建集约化设计，减少对紧缺土地资源的需求，打造慢行优先、公交导向、人车分流、动静分离、快捷换乘的多模式立体交通网络体系。[②]

立体城市与紧凑城市的理念与设计手法相似，但前者更偏重地块、街坊的空间组织，后者更偏重片区、城市的整体表现。

2.6.2　设计策略

立体城市的设计策略可总结为四个平衡[①]：

（1）工作与生活的平衡。因地制宜引入多种产业，实现用地混合开发，力求实现职住平衡，以减轻内外交通的压力，并形成立体城市多产业结合的循环经济模式。

（2）都市与田园的平衡。立体城市既注重引入都市农业以满足居民基本生活需求，更注重打造绿色写意的田园风光，充分体现景观绿化和生活生产兼顾的双重功能。

（3）发展与低碳的平衡。实现高效发展的同时，主张绿色交通体系，以步行道路和公共交通为主导，实现步行可达的城市，提倡零碳出行。

（4）人性化与智能化平衡。建设庞大的物联网系统，形成物物之间的信息交换（图 2-6-4）。

2.6.3　实践案例——成都立体城市实践

● 多模式绿色交通系统的构建[①]

成都立体城市位于天府新区核心天府新城的东南角，处于万安产城单元公共服务核心区，占地 $1.3km^2$，地上总建筑面积约 600 万 m^2。其以医疗康复、医学教育、医疗研发、文化创意为主导，融合商业、商务及居住等多种功能，树立绿色低碳、

① 吕雄鹰.立体城市的多模式绿色交通系统研究：以成都立体城市为例 [J].上海城市规划，2015（3）：116-122.
② 刘春琳.立体城市下共享单车的"行"与"停"：以深圳高新区为例 [A]// 中国城市规划学会.持续发展 理性规划：2017 中国城市规划年会论文集.北京：中国建筑工业出版社，2017：10.

图 2-6-4　新加坡海军部村庄

资料来源：WOHA 事务所 . Kampung Admiralty [EB/OL]. 2023. https://woha.net/project/kampung-admiralty/.

注：Kampung Admiralty 是新加坡首个综合公共开发项目，将公共设施和服务融为一体。
该项目采用分层的"三明治"方法，设计了一个"垂直甘榜（村）"，下层为公共广场，中层为医疗中心，
上层为老年公寓的社区公园。这是立体城市在街区尺度开发项目的优秀实证案例。

和谐生活、持续发展、功能齐全、技术领先的发展定位，建立对外联系和内部集散的交通解决方案。

1. 对外联系便捷高效：路网层次分明，为大运量公共交通提供通行保障

东侧成自沪高速公路是基地对外联系的快速通道。西侧红星路南延线作为城市快速路，实现项目基地与成都市主城区南北向的直接联系。围绕周边的主干道新成仁路、正公路等，为基地对外联系形成快捷通道的同时，屏蔽大量过境穿越性交通，保障到发交通的宁静化品质。内部合理的次干道系统、密集的支路系统提供小尺度、层次分明的路网体系，为基地集散交通提供基本设施保障（图 2-6-5、图 2-6-6）。

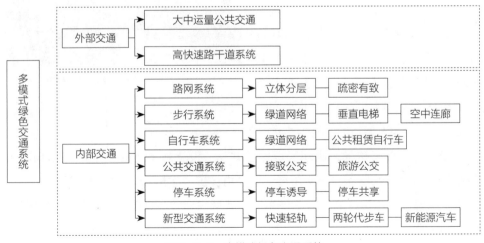

图 2-6-5　多模式绿色交通系统

资料来源：吕雄鹰 . 立体城市的多模式绿色交通系统研究：以成都立体城市为例 [J].
上海城市规划，2015（3）：116-122.

2. 内部交通立体多样：慢行优先、多种交通方式垂直无缝换乘

（1）内部路网立体分层，人车分流。立体城市用地集中，采用立体分层路网系统，实现人车分流，保证区域内部交通的宁静化。利用基地中间高、两边低的地势特征，依山就势，将到达交通直接由基地外围，通过路中式地下车库入口引入地下停车场，实现核心区交通宁静化，保障核心区交通出行品质（图2-6-7）。

（2）步行环境优美，垂直联络，实现城市核心区无缝衔接。在街区层面塑造优美的步行环境，位于地面以上4~7m高度设置次级步行系统，提升立体城市活力；同时，也增加了居民可使用的绿色空间，减少了热效应（图2-6-8）。

（3）自行车低碳出行，实现中心区自行车服务范围全覆盖。在人流密集处设置公共自行车租赁点，形成完整系统，加强基地内部重要节点之间的联系。

（4）完善公交接驳，实现与轨道站点的无缝换乘。通过完善接驳站点系统，使公交站点300m覆盖率达到100%。利用智能交通系统，及时发布公交信息，通过网络、手机查询公交班次信息，提高乘车便捷性（图2-6-9）。

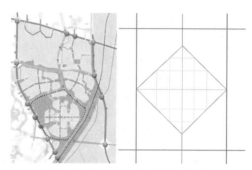

图2-6-6 项目路网结构示意图
资料来源：吕雄鹰. 立体城市的多模式绿色交通系统研究：以成都立体城市为例 [J]. 上海城市规划，2015（3）：116-122.

图2-6-7 分层立体交通系统示意图（1）
资料来源：吕雄鹰. 立体城市的多模式绿色交通系统研究：以成都立体城市为例 [J]. 上海城市规划，2015（3）：116-122.

图2-6-8 分层立体交通系统示意图（2）
资料来源：吕雄鹰. 立体城市的多模式绿色交通系统研究：以成都立体城市为例 [J]. 上海城市规划，2015（3）：116-122.

（5）实时停车诱导，实现区域停车共享。设置地下环廊及地下停车场，将核心区的车辆引入地下，避免在每个地块均设置地库出入口。整合完善停车指示系统，实时停车指引，利用共享停车的方式减少商业和办公建筑的停车配建需求（图2-6-10）。

（6）新型交通工具，响应绿色交通发展理念。成都立体城市采用的新型交通工具包括：电动平行步道，利用地势高低起伏的特点，通过水平与垂直自动扶梯交错

图 2-6-9 接驳公共交通系统示意图

资料来源：吕雄鹰.立体城市的多模式绿色交通系统研究：以成都立体城市为例 [J].上海城市规划，2015（3）：116–122.

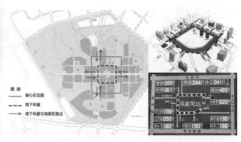

图 2-6-10 地下停车场环廊及停车共享

资料来源：吕雄鹰.立体城市的多模式绿色交通系统研究：以成都立体城市为例 [J].上海城市规划，2015（3）：116–122.

的形式，缩短步行时间；二轮代步车，作为自行车的补充交通工具，轻便携带及灵活可控性好，有利于游客观光旅游；轻型有轨电车，利用二层行人连廊系统，设置相应轨道，便于垂直人流的交换；绿色电动汽车，引导机动化出行向低碳可持续发展（图 2-6-11）。

图 2-6-11 新型交通工具

资料来源：吕雄鹰.立体城市的多模式绿色交通系统研究：以成都立体城市为例 [J].上海城市规划，2015（3）：116–122.

2.7 新城市主义

针对郊区无序蔓延带来的城市问题，新城市主义提供与紧凑城市相仿的解决方案。新城市主义在区域层面强调制定整体性策略，以解决区域规划中存在的经济活力、社会公平、环境健康等问题；在城镇层面提出规划设计的几项基本原则；在城区层面提出微观化、具体化的设计建议。新城市主义在发展与传播的过程中，其核心设计理念如 TOD、小街区、混合利用等逐渐成为城市设计实践的基本准则。

2.7.1 理念内涵

1. 产生背景

新城市主义是一种"回归传统城市形态"的城市设计思潮。第二次世界大战以后，大规模的城市扩张导致了美国城市中心的衰落；郊区蔓延式发展浪费了大量的土地与能源；对私人汽车的严重依赖带来了交通堵塞向郊区蔓延；公共空间场所感消失，不易形成社区气氛，加重了社会阶层的隔离等问题。

新城市主义提倡回归欧洲传统的城镇形态，设计师热衷从"旧"的城镇中寻找"新"的灵感。其思想来源之一是罗伯特·克里尔（Rob Krier）提出的"城市重建"

概念，主张将有历史感、纪念性和标志性的建筑或公共空间引入城市，打破现代均质空间等[①]（图 2-7-1）。

2. 新城市主义主张

新城市主义大会（Congress of New Urbanism）在 1993 年 10 月宣告成立，1996 年的第四次大会签署了《新城市主义宪章》。这份宪章分为三个部分，凸现了以系统方法改造城市发展模式的决心[②]。其中：

（1）在区域层面，强调大都市区作为一个整体来考虑，主张优先开发和填充城市空地，新开发成一定规模并提供多元交通体系；

（2）市区和住区层面，倡导中、高密度开发，主张多功能混合，强调公共空间的作用及其步行可达性；

（3）街区和建筑层面，关注公共空间的安全和舒适，建筑尊重地方性、历史、生态与气候，并具有可识别性。

2.7.2　设计策略[①③④]

新城市主义代表性的设计方法有：彼得·卡尔索普（Peter Calthorpe）提出的 TOD 体系（Transit-Oriented Development）；安德列斯·杜尔尼（Andres Duany）与伊丽莎白·普莱特 - 齐伯克（Elizabeth Plater-Zyberk）夫妇提出的 TND 体系（Traditional Neighborhood Development）；杜尔尼·普莱特 - 齐伯克（Duany Plater-Zyberk）提出的精明条例（Smart Code）（图 2-7-2、图 2-7-3）。

1. TOD 策略

TOD 从区域角度出发提倡建立区域性的公共交通体系，引导城市沿着大型交通线路进行集约式发展。

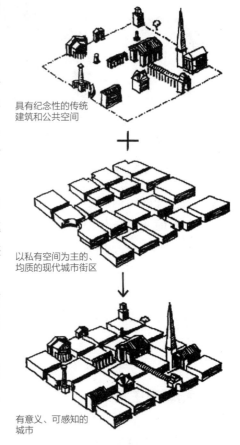

具有纪念性的传统建筑和公共空间

＋

以私有空间为主的、均质的现代城市街区

有意义、可感知的城市

图 2-7-1　罗伯特·克里尔提出的"城市重建"概念

资料来源：丁旭，魏薇.城市设计（上）：理论与方法 [M].杭州：浙江大学出版社，2010.

① 丁旭，魏薇.城市设计（上）：理论与方法 [M].杭州：浙江大学出版社，2010.
② 新城市主义协会.新城市主义宪章 [M].杨北帆，等，译.天津：天津科学技术出版社，1994：23.
③ 李睿.新城市主义对我国城市老旧住区更新的启示 [D].天津：天津大学，2013：13-25.
④ 戚冬瑾，周剑云.基于形态的条例：美国区划改革新趋势的启示 [J].城市规划，2013，37（9）：67-75.

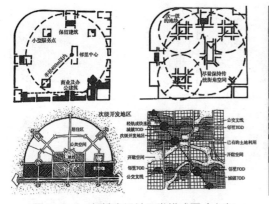

图 2-7-2 新城市设计开发模式图（上左、
上右为 TND 开发模式图；下左、下右为
TOD 社区开发模式和区域发展模式图）

资料来源：丁旭，魏薇．城市设计（上）：理论与方法
[M]．杭州：浙江大学出版社，2010．

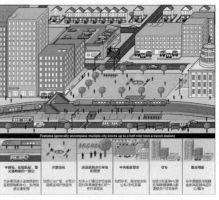

图 2-7-3 TOD 综合开发示意图

资料来源：GAO. PUBLIC TRANSPORTATION–
Multiple Factors Influence Extent of Transit–
Oriented Development[Z]. 2014.

TOD 有六大构成要素：将步行放在交通设计的第一位；区域内以轨道交通为特色，形成包括电车、轻轨和公交车等的综合交通系统；区域的节点上包含了相互临近的写字楼、住宅、商业和公共设施等多种用途；每个节点进行高密度、高质量的开发，节点的范围在轨道交通站点 5min 步行范围内；每个节点内可以方便地使用自行车、滑车和滑板作为日常交通工具；每个节点内的停车地点在轨道交通中心 5min 步行范围内，停车地点尽可能精简。

城市发展区域内的 TOD 项目根据所处的位置和承担的不同作用，主要分为"城市 TOD"（Urban TOD）和"邻里 TOD"（Neighborhood TOD）。"城市 TOD"一般位于区域内大容量快速公交（MRT）干线周围，是区域内较大型的交通枢纽和商业、就业中心，具有更高的发展密度，规模也更大，一般以离站点步行 10min 的距离或 600m 的半径来界定它的空间尺度。"邻里 TOD"一般不在 MRT 线路上，利用提供接运公交（Feeder Bus）服务的公交支线与 MRT 线路相连，与 MRT 的距离一般以支线公交运行时间不超过 10min（大约 5km）为宜。它拥有适当密度的居住、服务、零售、娱乐、休闲功能。

2. TND 策略（图 2-7-4、图 2-7-5）

TND 则从社区层面倡导学习欧洲传统的城镇形式和结构，主张相对中高密集的开发、混合功能和多样化住宅形式，创造有意义的公共空间并加强步行可达性。TND 策略主张社区的基本单元就是邻里，邻里之间以绿化带分隔。每个邻里的规模约 16~81hm^2，半径不超过 0.4km。可保证大部分家庭到邻里公园距离都在 3min 步行范围之内，到中心广场和公共空间只有 5min 的步行路程，会堂、幼儿园、公交站点都布置在中心。每个邻里包括不同的住宅类型，适合不同类型的住户和收

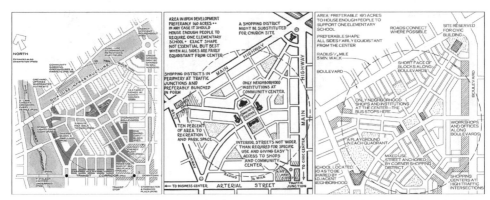

图 2-7-4　佩里（Perry）的邻里小组（左），安德列斯·杜尔尼与伊丽莎白·普莱特–齐伯克更新的理想社区模型（中），以及道格·法尔（Doug Farr）更新后的可持续邻里小组（右）

资料来源：豆瓣网.“城市”与“大都市”之争：阿道夫·路斯拒绝调和 [EB/OL]. [2021-07-29]. https://www.douban.com/note/808852666/?_i=1507108R2bL3mP.

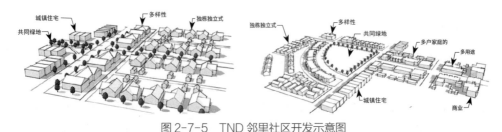

图 2-7-5　TND 邻里社区开发示意图

资料来源：City of Durango's Development Portal. City of Durango Land Use and Development Code[Z]. 2023.

入群体。以网格状的道路系统组织邻里，可以为人们出行提供多种路径的选择，减轻交通拥挤状况。

3. 精明条例城市设计管控

杜尔尼·普莱特–齐伯克（Duany Plater-Zyberk）在 2003 年发布了基于"横断面"系统发展出来的普适性设计规则——精明条例，作为一个结合了精明增长和新城市主义原则的形态条例，其内容覆盖了从城镇到城市片区再到街区不同尺度范围中道路、开放空间、建筑等重要城市元素的详细设计指标。

横断面的概念源于生态学，生态学的横断面用来描述动物栖息地跨越坡度的变化。杜尔尼·普莱特–齐伯克构建的横断面模型规定了以下分区模型：自然地区（T1）、郊野地区（T2）、郊区地区（T3）、一般城市地区（T4）、城市中心地区（T5）、城市核心地区（T6）以及特殊分区（SD）。每一个分区都有一个编号，越大的数字越偏重城市化，越小的数字越偏向郊野。使用横断面作为形态条例的组织原则，最大的优势在于它能应用于创造理想场所的大部分要素：从建筑形态和布局到停车、用途、公共空间、标识和灯光，甚至绿色建筑、运输和暴雨管理都可以通过横断面分区来组织（表 2-7-1、图 2-7-6）。

横断面分区的设计特征　　　　　　表 2-7-1

图例	描述	特征
T1	**T1 自然地区（Natural）** 由接近或恢复野生状态的土地构成，包括因地形、水文或植被原因不适宜居住的土地	一般特征：自然景观结合一些农业用地。 建筑布局：不适用。 临街面类型：不适用。 典型建筑高度：不适用。 市民空间类型：公园、绿道
T2	**T2 郊野地区（Rural）** 由开放的或耕作的或稀疏居住的土地构成，包括林地、农地、草地和可灌溉的沙地	一般特征：主要是农用的林地、湿地和分散的建筑。 建筑布局：多种类型的建筑退缩。 临街面类型：不适用。 典型建筑高度：1~2层。 市民空间类型：公园、绿道
T3	**T3 郊区地区（Suburban）** 尽管类似于传统的低密度郊区住宅区，但在允许的住宅数量上有所差别。有较深的退缩距离进行自然种植，街坊可能较大，道路依照地形走向而不规则	一般特征：草地和风景优美的场地环绕独户式住宅；偶尔有步行道。 建筑布局：正面和侧院有较大的、不同尺寸的退缩。 临街面类型：门廊、栅栏、自然的树木种植。 典型建筑高度：1~2层，局部3层。 市民空间类型：公园、绿道
T4	**T4 一般城市地区（General Urban）** 以住宅为主的城市肌理。混合用途通常限制在街道角落。它拥有大量的建筑类型：独立式、侧院式、联排式。退缩和景观多样化。街道界定了中等尺度的街坊	一般特征：联排式住宅和小型公寓，分散的商业活动，景观和建筑协调，提供步行道。 建筑布局：正面和侧院有较近到中等尺寸的退缩。 临街面类型：门廊、栅栏、前院。 典型建筑高度：2~3层，有少量较高的混合用途建筑。 市民空间类型：广场、绿地
T5	**T5 城市中心地区（Urban Center）** 拥有更高密度的混合建筑，建筑类型包括零售、办公、联排住宅和公寓。以线形的街道为主，有宽阔的步行道、连续的行道树，建筑立面紧密相对	一般特征：商业混合联排式住宅、更大的公寓住宅、办公、工作场所、市政建筑；以联排式建筑主导；公共道路种植行道树；连续的步行道。 建筑布局：较浅的退缩或没有退缩，街墙由建筑界定。 临街面类型：商业立面、连廊。 典型建筑高度：3~5层，有一些变化。 市民空间类型：公园、集市广场和市政广场，中等尺度的景观
T6	**T6 城市核心地区（Urban Core）** 类似市中心区。包括最高的建筑，最大的多样性，最独特的市政建筑，最少的自然状态，连续的行道树（有时甚至没有）	一般特征：中到高密度的娱乐、市政、文化和混合用途建筑。联排式建筑形成连续的街墙；公共道路种植行道树；最大量的步行和车行活动。 建筑布局：较浅的退缩或没有，街墙由建筑界定。 临街面类型：前院、商业立面、连廊、拱廊。 典型建筑高度：4层以上，有少量较矮建筑。 市民空间类型：公园、集市广场和市政广场，中等尺度的景观

注：特殊分区未列出。

资料来源：戚冬瑾，周剑云. 基于形态的条例：美国区划改革新趋势的启示 [J]. 城市规划，2013，37（9）：67-75.

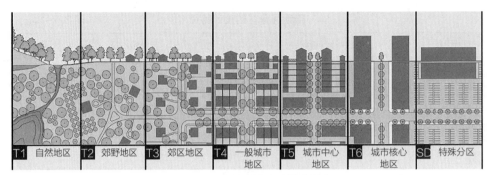

| T1 自然地区 | T2 郊野地区 | T3 郊区地区 | T4 一般城市地区 | T5 城市中心地区 | T6 城市核心地区 | SD 特殊分区 |

图 2-7-6　乡村到城市的样带划分

资料来源：Public Square：A CNU Journal. Great idea：The rural–to–urban Transect [EB/OL].
[2017–04–13]. https：//www.cnu.org/publicsquare/2017/04/13/great–idea–rural–urban–transect.

2.7.3　实践案例

1. 海滨度假小区滨海镇

● **新城市主义 TND 开发模式** [1]

1981 年，杜尔尼·普莱特 - 齐伯克在美国佛罗里达设计了海滨度假小区滨海镇（Seaside），这是 TND 模式的首次尝试，也是新城市主义实践中最重要的里程碑之一。

滨海镇的规划方式和建筑语汇主要借鉴了前工业时代的传统城镇，并结合了佛罗里达的乡土特色及海滩的自然景观。社区以邻里为基本单位，功能布局满足日常所需，公共空间以加强社交活动为目标，以密集网格状道路系统联系邻里空间。

1）项目规模与功能布局

滨海镇规划为 80 英亩（约 32 万 m²），在步行 5min 内，购物、上学、市政服务、公共交通等都十分方便，居民不再依赖小汽车，也获得了更多交流的机会（图 2-7-7、图 2-7-8）。

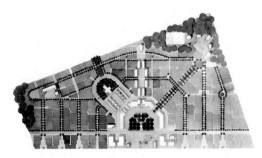

图 2-7-7　美国佛罗里达滨海镇平面图
资料来源：胡志欣 . 新城市主义在中国的初步探索 [D].
天津：天津大学，2004.

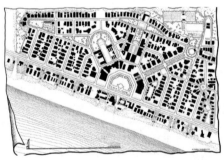

图 2-7-8　滨海镇总平面
资料来源：seaside. The Planning Influences along Scenic Highway 30A [EB/OL]. [2020–2–29]. https：//seasidefl.com/news/the–planning–influences–along–scenic–highway–30a.

① 李睿 . 新城市主义对我国城市老旧住区更新的启示 [D]. 天津：天津大学，2013：13–25.

滨海镇主要包括住宅区、商业区和开放空间；其中，中心商业区是一个明确的、拥有半八角形形式的邻里中心，可以满足居民日常购物、娱乐、社交等需求。

2）公共空间

新城市主义认为传统住区具有活力的原因是因为拥有富有生命力的公共空间。滨海镇的公共设施包括学校、教堂、邮局、露天市场、市政厅、俱乐部、图书馆等，在社区中心以公共建筑作为标志性的景观，并设置视觉节点，突出地域性特点等；其余的公共空间为社区活动提供场所，设置有绿地、广场等，主要由市政和商业活动来带动。街边建筑拥有合宜的后退距离，这与人行道、沿街停车带等共同构成了城市沿街公共空间，在门廊、台阶、屋檐出挑等处的细节处理共同营造了私人空间与公共空间之间的过渡带，增强了人们的社会交往（图2-7-9）。

3）建筑密度与建筑风格

滨海镇是一个紧凑型的社区，适度的容积率和紧凑度为社区活力提供了保障，高密度的人群能够支撑社区公共设施的有效运作，并提高了土地和基础设施的使用率。

滨海镇内拥有350套房屋，约300套其他居住单元，包括公寓、附属建筑和旅馆房间。杜尔尼·普莱特－齐伯克探索了多种建筑形式，并最终敲定了8种适合滨海镇的建筑类型，每种建筑类型都与街道类型相对应。此外，他们还确定了5种住宅类型，以期为不同的人群提供多种类型、不同价格的住宅选择。建筑风格尊重当地的社会文化与历史传统，在遵循总平面和准则的前提下同时注重多样化的建筑风格塑造（图2-7-10）。

4）交通网络与街道

滨海镇以网格状的道路系统来联系邻里，路网相对较密，多条道路的选择可以缓解交通；主要的对外交通是一条30m宽的道路，设置在区域外围以减少对居民的干扰。没有过宽的街道，标准街道宽约7m，人行道宽至少1.2m；街道两旁设置绿化带，美化街道的同时可以收缩道路的视觉尺度。

图2-7-9　建筑与公共空间环形布局，标志物水塔在街道尽头

资料来源：胡志欣.新城市主义在中国的初步探索 [D].天津：天津大学，2004.

图2-7-10　滨海镇的街道空间以及建筑与街道的关系

资料来源：李睿.新城市主义对我国城市老旧住区更新的启示 [D].天津：天津大学，2013：13-25.

2. 西拉古纳社区

• TOD 邻里开发模式

西拉古纳社区是第一个按照彼得·卡尔索普（Peter Calthorpe）TOD 模式建设的项目，于 1990 年建成。该项目采用邻里单元模式以满足日常生活工作所需，功能混合的社区中心连接公共空间，公共交通与公共空间成为社区纽带。这个项目创造了以传统风格和步行主导的新型社区，外部的公共交通运输系统作为区域联系外界的主要交通方式，住区内部则以步行为主（图 2-7-11）。

1）项目规模与土地利用

西拉古纳位于加利福尼亚州萨卡拉门托地区，总面积为 422.9hm²，其中社区中心约 40 万 m²，市中心住宅区面积约 120 万 m²，商业面积约 21.5 万 m²，是一个拥有近 3400 个居住单位的中型住区。西拉古纳有 5 个以公园为中心的邻里单元，大小在 28~68hm² 之间，都属于规模比较大的邻里单元。较高密度的住宅区被安排在邻里中心，而中密度的住宅区则沿着放射状的林荫大道和湖滨步道布置，较低密度的独栋住宅区等则被布置在了外侧，但各个邻里单元的中心到全镇中心都不超过 5min 的步行距离（图 2-7-12）。

2）公共空间与建筑

西拉古纳最受瞩目的就是其 40 万 m² 的社区中心，市政建筑占据了最重要的位置，日托所和社区活动中心构成了中央绿地的端点。社区重要的公共建筑及休闲设施皆沿着中央轴线展开。区域中还包含了 1000 个密度较高的住宅单元；社区中心以三条放射状的林荫大道连接了周围邻里单元的中心公园。

主要公共建筑三面环水，两个住区广场由较高密度的住宅单元围合而成。住区安排了各种大小、风格不一的居住单元，有朴素的单层住宅，也有精彩的多层房屋。多样化的住宅以不同的市场群体为对象，不但可以满足不同的需求，也可以促进各阶层的混合（图 2-7-13）。

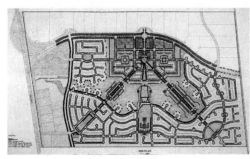

图 2-7-11　西拉古纳社区总平面图
资料来源：李睿. 新城市主义对我国城市老旧住区更新的启示 [D]. 天津：天津大学，2013：13-25.

图 2-7-12　西拉古纳社区中的一个邻里单元
资料来源：李睿. 新城市主义对我国城市老旧住区更新的启示 [D]. 天津：天津大学，2013：13-25.

3）交通与街道空间

西拉古纳北侧是一条东西向的主干道，它连接着附近的公路和未来的轻轨车站，TOD 模式的运用使整个住区不但能够与外部的通勤火车相连接，还能使用内部的大众运输系统。同时，私家车使用的减少，也避免了污染、噪声、交通阻塞等种种不便。在住区的内部基本采用步行主导的方式，且街道的设计使步行者感到舒适、安全和有趣。汽车进出都主要依靠房屋背面的小车道，住宅前的人行道适当加宽，加上住宅前精心设计的门廊，使人们在任何时候都可以参与到街上的活动，促进了邻里之间的交流（图 2-7-14、图 2-7-15）。

西拉古纳社区体现了公共交通和公共空间在维系整个住区中起到的纽带作用，创造了舒适宜人、适于交往的社区氛围，混合功能的使用也使社区全天候充满活力。

图 2-7-13　拥有优美水景的住宅

资料来源：New Urbanism.Creating Livable Sustainable Communities[EB/OL]. 2017.http：//www.newurbanism.org.

图 2-7-14　车库设于宅后，前门与步行道路连接，门廊成为可交往空间

资料来源：胡志欣 . 新城市主义在中国的初步探索 [D]. 天津：天津大学，2004.

2.8　城市双修

在全球可持续发展及中国新型城镇化建设的背景下，住房和城乡建设部先后将多个城市作为城市双修的试点城市，明确了城市双修对未来中国城市发展的指引作用。城市设计的技术手段也随着社会发展趋于精细化与

图 2-7-15　西拉古纳社区总平面

资料来源：Liu J. The New Urbanism as a theory and its contemporary application in China—Redesign a residential project in Beijing[Z]. 2012.

人性化，是实现生态修复和城市修补的有效途径与手段（图 2-8-1~ 图 2-8-3）。

2.8.1　理念内涵

"城市双修"是指生态修复、城市修补，是一种渐进式规划理念。它要解决的问题包括：①城市生态系统的污染和破坏问题；②城市基础设施、公共服务设施建

图 2-8-1　天津桥园公园

资料来源：土人设计. 天津桥园水岸廊桥 [EB/OL].
[2020-09-01]. https://www.turenscape.com/project/
detail/4805.html.

图 2-8-2　秦皇岛滨海景观带

资料来源：土人设计. 天津桥园水岸廊桥 [EB/OL].
[2020-09-01]. https://www.turenscape.com/project/
detail/4805.html.

图 2-8-3　苏州真山公园

资料来源：土人设计. 苏州真山公园 [EB/OL].
[2019-07-31]. https://www.turenscape.com/project/
detail/4774.html.

设的滞后问题；③城市公共空间缺失、公共绿地不足的问题；④城市功能在街区、社区层面的不匹配问题；⑤棚户区改造和老城区改造工作中的修补不足问题；⑥城市交通、街道、换乘的空间衔接、人性化问题等。

面对以上问题，城市双修主张用生态的理念修复城市中被破坏的自然环境和地形地貌，用更新织补的理念修复城市设施、空间环境、景观风貌，营造良好的城市环境。这也是当前存量更新的模式下必要的城市建设和治理手段。其中，生态修复，旨在有计划、有步骤地修复被破坏的山体、河流、植被，重点是通过一系列手段恢复城市生态系统的自我调节功能；城市修补，重点是不断改善城市公共服务质量，改进市政基础设施条件，发掘和保护城市历史文化和社会网络，使城市功能体系及其承载的空间场所得到全面系统的修复、弥补和完善。

2.8.2　设计策略

1. 基本原则

（1）政府统筹，共同推进：充分发挥政府的主导作用，统筹谋划，完善政策，整合相关规划、计划、资金，充分动员各方面力量共同推进工作。

（2）因地制宜，有序推进：根据城市生态状况、环境质量、建设阶段、发展实际，有针对性地制定工作任务、目标和方案，近远期结合，逐步实施。

（3）保护优先，科学推进：尊重自然和城市发展规律，加强对历史文化遗产和自然资源的保护，防止建设性破坏，避免"边修边破坏"。

（4）以人为本，有效推进：坚持以人民为核心的发展理念，以增加人民福祉为目的，着重开展问题集中、社会关注、生态敏感地区和地段的修补修复。

2. 修复城市生态，改善生态功能[①]

（1）加快山体修复：一方面加强对城市山体自然风貌的保护，禁止劈山修路、劈山造城；另一方面因地制宜采取科学的工程措施对原有受损山体进行修复。

（2）开展水体治理和修复：一方面加强对城市水体自然形态的保护，避免盲目截弯取直，禁止明河改暗渠、填湖造地等破坏性设计行为；另一方面针对生态受损水体，恢复和保持河湖水系的自然连通和流动性，系统开展江河、湖泊、湿地等水体生态修复。

（3）修复利用废弃地：一方面以问题为导向，综合运用多种适宜技术，消除安全隐患，重建自然生态；另一方面对经评估达到相关标准要求的已修复土地和废弃设施用地，在城市规划和城市设计中，通过建设遗址公园、郊野公园等方式，合理安排利用。

（4）完善绿地系统：推进绿廊、绿环、绿楔、绿心等绿地建设，构建完整连贯的绿地系统。按照居民出行"300m 见绿、500m 入园"的要求，优化绿地布局，均衡布局公园绿地。通过拆迁建绿、破硬复绿、见缝插绿等，拓展绿色空间。因地制宜建设湿地公园、雨水花园等海绵绿地，推广老旧公园提质改造，提升存量绿地品质和功能。乔灌草合理配植，广种乡土植物，推行生态绿化方式（图 2-8-4~图 2-8-6）。

3. 修补城市功能，提升环境品质

（1）填补基础设施欠账：加快改造存在安全风险的老旧城市管网，有序推进各类架空管线入廊，并合理配置完善城市基础设施，提高老旧城区承载能力。统筹规

图 2-8-4　义乌滨江公园河漫滩生态修复
资料来源：土人设计. 义乌滨江公园 [EB/OL]. [2020-07-05]. https://www.turenscape.com/project/detail/4783.html.

图 2-8-5　三亚红树林生态公园
资料来源：土人设计. 三亚红树林生态公园 [EB/OL]. [2020-09-01]. https://www.turenscape.com/project/detail/4807.html.

---

① 《住房城乡建设部关于加强生态修复城市修补工作的指导意见》。

划建设基本商业网点、医疗卫生、教育、科技、文化、体育、养老、物流配送等城市公共服务设施，不断提高服务水平。

（2）增加公共空间：积极拓展公园绿地、城市广场等公共空间，完善公共空间体系。控制城市改造开发强度和建筑密度，根据人口规模和分布，合理布局城市广场，满足居民健身休闲和公共活动需要。加强对

图 2-8-6　浦阳江生态廊道
资料来源：土人设计. 金华浦阳江生态廊道
[EB/OL]. [2020-09-01]. https://www.turenscape.com/project/detail/4809.html.

山边、水边、路边的环境整治，加大对沿街、沿路和公园绿地周边地区的建设管控，禁止擅自占用公共空间。

（3）改善出行条件：加强街区的规划和建设，推行"窄马路、密路网"的城市道路布局理念，打通断头路，形成完整路网，提高道路通达性。优化道路断面和交叉口，适当拓宽城市中心、交通枢纽地区的人行道宽度，完善过街通道、无障碍设施，推广林荫路，加快绿道建设，鼓励城市居民步行和使用自行车出行。改善各类交通方式的换乘衔接，方便城市居民乘坐公共交通出行。鼓励结合老旧城区更新改造、建筑新建和改扩建，规划建设地下停车场、立体停车楼，增加停车位供给。

（4）改造老旧建筑：积极推动老旧小区综合整治，完善照明、停车、电动汽车充电、二次供水等基础设施，实施小区海绵化改造，配套建设菜市场、便利店、文化站、健身休闲、日间照料中心等社区服务设施，加强小区绿化，改善小区居住环境，方便居民生活。

（5）保护历史文化：加强城市历史文化挖掘整理，延续历史文脉；鼓励小规模、渐进式更新改造老旧城区，加强历史文化街区、历史建筑周边的新建建筑管控，增强建筑风貌的协调性，保护城市传统格局和肌理；加快推动老旧工业区的产业调整和功能置换，鼓励老建筑改造再利用，优先将旧厂房用于公共文化、公共体育、养老和创意产业。

（6）彰显时代精神：加强总体城市设计，确定城市风貌特色，保护山水、自然格局，优化城市形态格局，建立城市景观框架，塑造现代城市形象。加强新城新区、重要街道、城市广场、滨水岸线等重要地区、节点的城市设计，完善夜景照明、街道家具和标识指引，加强广告牌匾和城市雕塑建设管理，满足现代城市生活需要（图 2-8-7、表 2-8-1）。

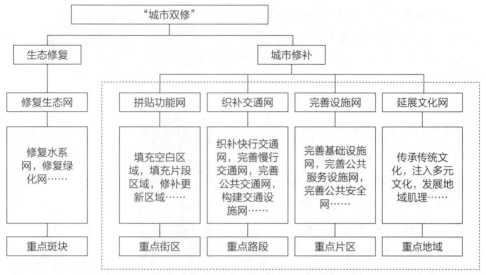

图 2-8-7 由"点"到"面"的"城市双修"策略

资料来源：顺鑫建投 – 曾娅. "城市双修"方向和策略讨论 [EB/OL]. 2017.
https://mp.weixin.qq.com/s/f9wWbzILPQLDEdXmtBr_Kg.

"城市双修"的组成体系与设计范畴　　　　　　表 2-8-1

组成体系	设计范畴	物质本体	空间范围
城市功能修补	填补基础设施	市政设施及管线；公共服务设施网点	—
	增加公共空间	公园绿地、城市广场、废弃地	公共城市活动空间
	改善出行条件	道路系统、交通换乘站点、停车场库与设施	街道空间、站场
	改造老旧小区	房屋、道路、绿化	小区公共活动场地
	保护历史文化	历史名城、街区、建筑	城市传统格局和肌理
	塑造城市时代风貌	山、水；重要街道、广场、滨水岸线、建筑；街道家具等	自然地理空间；重要城市节点
城市生态修复	山水治理修复	山川、江河、湖泊、湿地等	山体、水域
	修复利用废弃地	废弃、闲置、边角用地	—
	完善绿地系统	城市绿地	街道空间、步行空间
	改善出行条件	道路绿化、城市步道	—
	改造老旧小区	小区绿化	

资料来源：顺鑫建投 – 曾娅. "城市双修"方向和策略讨论 [EB/OL]. 2017.https://mp.weixin.qq.com/s/f9wWbzILPQLDEdXmtBr_Kg.

2.8.3 实践案例

1. 三亚城市双修

● 物质空间环境与软质环境的修复和修补

三亚作为第一批城市双修试点城市，其在整体规划中突出了空间特色，强调了城市双修的重点领域，以七项城市修补策略与政府政策共同促进三亚城市双修工作开展。

　　三亚是我国唯一的热带海滨旅游城市，从滨海小渔村发展成为国内外知名的旅游城市。2017年3月，住房和城乡建设部印发《关于加强生态修复城市修补工作的指导意见》，城市生态修复工作向全国范围推广（图2-8-8）。三亚市按照住房和城乡建设部的要求，整治城市发展乱象，推动城市发展方式转变，使城市面貌焕然一新，初步实现了从"乱"到"治"的重大转变。

　　1）规划侧重

　　空间特色保护与拓展："指状生长、山海相连"的整体空间结构，具体表现为"一城三湾、三脊五镇"滨海与内陆腹地兼顾的模式（图2-8-9）。

　　"双修"重点：修复和修补破坏的

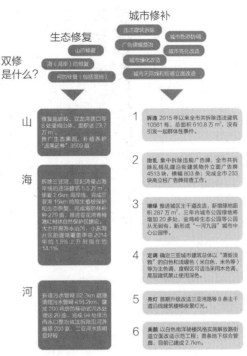

图 2-8-8　三亚市城市双修成果

资料来源：作者整理自绘.

山地区域、滨海片区、山海通廊及标志性景观地区。强化对山、海等重大公共资源以及山海之间的各类廊道（生态廊道、河流廊道、景观道路廊道）的修复和管控。改善城乡建设用地与滨海、滨河、山地区域之间的可达性和通视条件（图2-8-10）。

　　生态修复三大措施：构建城市生态绿地系统构架；保护自然生态空间，体现城市山水格局特色；修复城市生态网络，完善结构性绿地布局（图2-8-11）。

　　2）规划实施

　　城市修补"七大战役"：城市空间形态和天际线；建筑及城市色彩修补；城市绿地修补；广告牌匾修补和整治；城市照明修补；违建拆除和清理；社会空间民生福祉。

图 2-8-9　三亚市总体规划（2011—2020年）——市域城乡空间结构规划图

资料来源：三亚市人民政府.三亚市城市总体规划（2011—2020）[Z]. 2016.

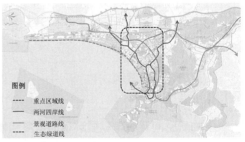

图 2-8-10　三亚城市"双修"重点修复区域

资料来源：三亚市人民政府.三亚市城市总体规划（2011—2020）[Z]. 2016.

（1）城市空间形态和天际线：通过城市设计的专业手法，明确城市的整体空间形态包括城市的边界、节点、轴线和特色片区。

（2）建筑及城市色彩修补：通过对自然景观色彩、历史人文色彩、现状建筑色彩的充分调查，提出建筑色彩的总体指引，确定城市主色调、辅助色、点缀色，明确分区的建筑色彩要求（图2-8-12）。

（3）城市绿地修补：通过对中心城区绿地进行现状调研分析，将其分为现状较好的绿地、现状被侵占的绿地、现状被私有化的绿地、生态良好的规划绿地、生态遭到破坏的规划绿地、现状有建设的规划绿地，因地制宜、分门别类采取修补措施。

（4）广告牌匾修补和整治：广告牌匾的设置和整治与整体景观环境相结合，市场导向与公共利益相结合，因地制宜，能承受且可推广。

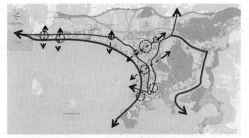

图2-8-11 三亚市城市总体规划景观视线
资料来源：三亚市人民政府.三亚市城市总体规划（2011—2020）[Z]. 2016.

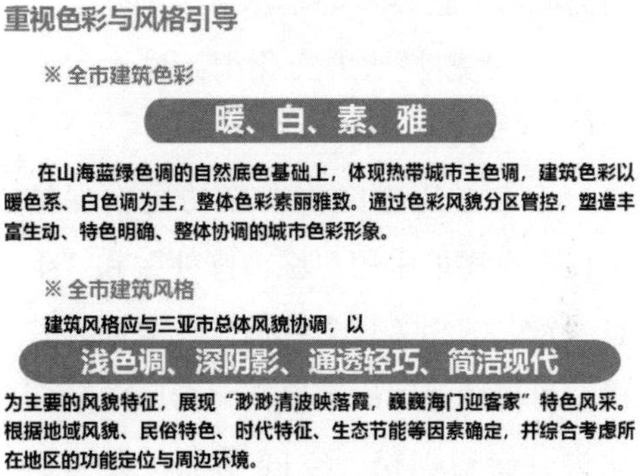

重视色彩与风格引导

※ 全市建筑色彩

> 暖、白、素、雅

在山海蓝绿色调的自然底色基础上，体现热带城市主色调，建筑色彩以暖色系、白色调为主，整体色系素丽雅致。通过色彩风貌分区管控，塑造丰富生动、特色明确、整体协调的城市色彩形象。

※ 全市建筑风格

建筑风格应与三亚市总体风貌协调，以

> 浅色调、深阴影、通透轻巧、简洁现代

为主要的风貌特征，展现"渺渺清波映落霞，巍巍海门迎客家"特色风采。根据地域风貌、民俗特色、时代特征、生态节能等因素确定，并综合考虑所在地区的功能定位与周边环境。

图2-8-12 建筑与城市色彩修补
资料来源：三亚市自然资源和规划局.三亚市总体城市设计（2020—2035）（征求公众意见版）[Z]. 2022.

（5）城市照明修补：从现状问题入手，保障城市夜间安全，突出城市总体格局意象，以人的活动空间及视觉感受为重点进行修补。

（6）违章拆除和清理：进行摸底排查，明确违章建筑的数量、分布、现有产权和使用状况，按照确保安全第一，保障社会安定、维护社会公平、优化城市空间的原则，研究和制定拆违策略。

（7）社会空间民生福祉：完善公共设施系统，实现城市资源平等共享。精细化布局优化，实现空间上的均衡和体系的完善。优先考虑弱势群体的利益及空间需求，消减由城市更新造成的对原居民边缘化的驱赶和占用。

2. 北京大栅栏历史文化街区保护

• 城市双修在保护传承文化遗产、延续城市历史文脉中的实践

大栅栏历史文化街区更新，保护了传统的街巷空间，采用"渗、滞、蓄、净、用、排"技术措施建立起海绵街区，实现了历史文脉的延续与生态环境的可持续发展。

1）大栅栏概况

狭义的大栅栏是老北京的廊房四条，是北京市前门外西侧一条著名的商业街。

现在泛指的大栅栏历史文化街区是包含廊房头条、粮食店街、煤市街在内的一个片区，其范围界限为：北起前门西大街，南到珠市口西大街，西起南新华街，东到前门大街，总面积 1.26km²。大栅栏是南中轴线的一个重要组成部分，自 1420 年（明朝永乐十八年）以来，经过 600 多年的发展，逐渐形成店铺林立的商业街（图 2-8-13、图 2-8-14）。

2）大栅栏历史文化街区城市双修定位[1]

大栅栏历史文化街区的更新保护过程中有序地采用"城市修补"和"生态修复"的相关理念和措施，全面、有机、可持续地解决历史文化街区的功能缺失、交通拥挤、空间混乱、文物遗产损毁、生态破坏等问题，促进历史街区的功能完善和生态修复。通过城市双修，在历史街区达到政治、文化、商业、旅游和民生（图 2-8-15）五方面的共同发展，创造了一个文化彰显、风貌延续、活力创新、环境提升和公众参与的历史文化街区。

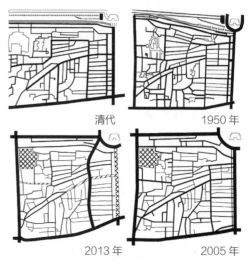

清代　　　　　　1950 年

2013 年　　　　　2005 年

图 2-8-13　大栅栏历史发展

资料来源：大栅栏 . [EB/OL]. 2011.
http://www.dashilar.com.cn/A/A2_A.html.

图 2-8-14　北京大栅栏

资料来源：阿海说文化 . 北京的这个地方，住在这里开后窗就能钓鱼，还能换角度欣赏故宫！_护城河_紫禁城_轴线 [EB/OL]. [2022-09-29]. https://www.sohu.com/a/588686578_121351331.

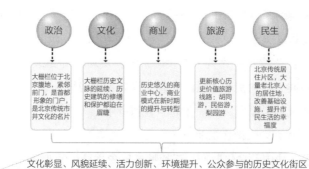

图 2-8-15　大栅栏历史文化街区"城市双修"定位

资料来源：李玉鹏 . 基于城市双修理念的北京大栅栏历史文化街区保护与更新发展研究 [D].邯郸：河北工程大学，2018.

---

① 李玉鹏 . 基于城市双修理念的北京大栅栏历史文化街区保护与更新发展研究 [D]. 邯郸：河北工程大学，2018.

3）有机更新策略

大栅栏的保护、整治与复兴面临多种难题：人口密度高，公共设施不完善，区域风貌不断恶化，产业结构亟待调整，复杂严格的历史风貌保护控制，无法成规模地进行产业引入，难以找到一种合适的路径引导在地居民参与改造，没有形成有效的运作模式支撑区域保护与发展。改善民生、社区共建、风貌保护、城市可持续发展之间的矛盾难以取得平衡——这也使得原住民在保护和发展区域过程中缺乏主动性，区域本已落后的生活、社会与经济环境条件继续恶化。

在此背景下，大栅栏采用有机更新的模式进行保护与更新。改变"成片整体搬迁、重新规划建设"的刚性方式，转变为"区域系统考虑、微循环有机更新"的方式进行更加灵活、更具弹性的节点和网络式软性规划，视大栅栏为互相关联的社会、历史、文化与城市空间脉络。散布其间的院落、街巷，按照系统规划、社区共建的方式进行有效的节点簇式改造，并产生网络化触发效应，不同节点的改造形成节点簇，逐步再连成片。这样不仅可以尊重现有胡同肌理和风貌，灵活地利用空间，还将"单一主体实施全部区域改造"的被动状态，化为"在地居民商家合作共建，社会资源共同参与"的主动改造前景，将大栅栏建设成为新老居民、传统与新兴业态相互混合、不断更新、和合共生的社区，实现大栅栏的保护复兴（图2-8-16、图2-8-17）。

（1）以院落为单位的建筑更新[①]：以院落为单位划分更新用地范围，对院落内的建筑进行现状评价和操作措施，分为六种情况：保护建筑与构筑物，相应的措施是

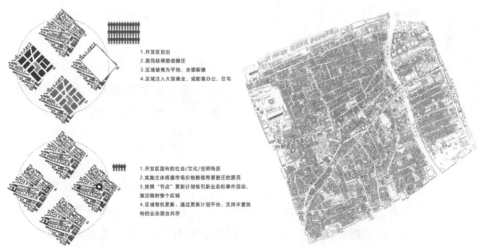

图 2-8-16 传统大规模土地开发模式（上图）
与节点式开发模式（下图）

资料来源：大栅栏.[EB/OL].2011. http://www.
dashilar.com.cn/A/A2_A.html.

图 2-8-17 大栅栏轴测图

资料来源：大栅栏.[EB/OL]. 2011. http://www.dashilar.
com.cn/A/A2_A.html.

---

① 于海漪，文华.北京大栅栏地区城市复兴模式研究[J]. 华中建筑，2017，35（7）：79-82.

| 明清时期 | 民国时期 | 1949年后 | 20世纪80年代 | 20世纪90年代初至今 |

图 2-8-18　大栅栏传统建筑分类保护规划

资料来源：大栅栏 . [EB/OL]. 2011.
http://www.dashilar.com.cn/A/A2_A.html.

图 2-8-19　大栅栏跨界中心网络关系图

资料来源：社会网络研究中心 . 北京大栅栏实验基地研究 [EB/OL]. [2021-06-07]. http://www.csnr.tsinghua.edu.cn/info/1150/1101.htm.

保护与加固优先；有价值的历史建筑，相应的措施是保护与加固为主；一般历史建筑，相应的措施是重修与重建；质量、风貌较差，无保留意义的建筑，相应的措施是拆除更新；与风貌相协调的新建建筑，相应的措施是暂时保留，通过施工使外立面与该区风貌协调；与风貌不协调的新建建筑，相应的措施是拆除更新（图 2-8-18）。

（2）以院落为单位的院内景观的更新[①]：院内景观的更新，通过将庭院以及院内建筑、植物材料等进行美化设计，给人们带来崇尚自然田园的庭院生活，从内部自身更新引导周边景观更新。

（3）多元主体参与运作[①]：大栅栏跨界中心搭建。大栅栏更新计划在启动初期成立了一个开放工作平台——大栅栏跨界中心（Dashilar Platform），作为政府与市场的对接平台，通过与城市规划师、建筑师、艺术家、设计师以及商业家合作，探索并实践历史文化街区城市有机更新的新模式（图 2-8-19）。

2.9　共享发展

　　共享发展涉及经济、政治、文化、社会、生态等各方面，以求推进社会公平正义和区域与城乡公共服务发展。共享理念在城市设计领域的表现为共享交通、共享公共空间、共享经济以及共享服务等，其为城市设计提出了功能更加混合、资源整体规划、产业不断融合的发展目标。共享发展理念基于人的需求诞生，城市设计的终极目标也是通过设计手段塑造各项发展所需要的空间载体（图 2-9-1）。

① 于海漪，文华 . 北京大栅栏地区城市复兴模式研究 [J]. 华中建筑，2017，35（7）：79-82.

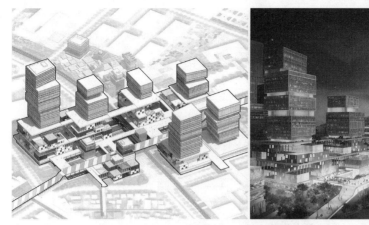

图 2-9-1 共享城市设计

资料来源：深规院，HASSELL. 深圳新桥智创城设计竞赛——无界城境·开源智桥 [Z]. 2019.

2.9.1 理念内涵

党的十九大报告中指出的坚持五大新发展理念中，"共享"处在终端，是创新、协调、绿色、开放发展的终极目标。在城乡建设与发展领域，城乡居民在文化、休闲、生态等方面的消费需求大为增加，满足都市新兴消费活动、休闲和文化体验的空间成为城市建设新的关注重点。未来城市的吸引力将取决于其良好的生活环境和高品质的共享环境。随着共享理念的发展，城市空间共享被重新重视，包括街道、公共服务设施、商业设施等空间。

2.9.2 设计策略

1. 共享发展的对象与主体[1]

共享的对象包括：实物（消耗品、废弃品、耐用品）、空间（生活空间、办公空间、游憩空间）、设施与服务（交通、医疗、生活服务、生产制造）、活动与体验（知识技能、信息内容、金融服务、文化娱乐）。共享的主体包括：个人、企业和社会。它们共同构筑起了广泛的共享领域（图 2-9-2）。

2. 共享发展背景下城市空间诉求[2]

1）多尺度、分散化的空间布局规则

移动支付的出现使居民随时随地可以通过手机获取共享服务，共享经济下的空间组织尺度更为灵活，即使是小微空间也可以满足居民需要。随着分散化的共享空间逐渐建立，城市空间的布局将更加精细，固定的公共服务设施与"流动"的多尺度共享服务场景相互交织，共同提升城市空间的服务品质（图 2-9-3）。

① 何婧，周恺. 从"追求效率"走向"承载公平"：共享城市研究进展 [J]. 城市规划，2021，45（4）：94–105.

② 聂晶鑫，刘合林，张衔春. 新时期共享经济的特征内涵、空间规则与规划策略 [J]. 规划师，2018，34（5）：5–11.

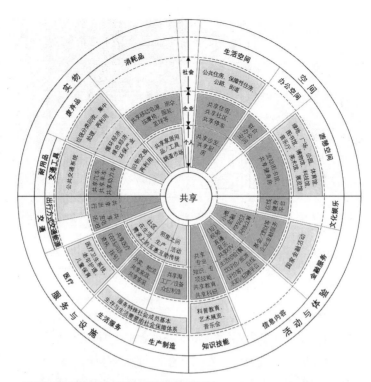

个人共享：个体所有者之间基于互惠互助原则进行的各类资源相互分享。

企业共享：以企业为主体或中介进行的资源使用权临时转让，或知识、信息、技能的交换。

社会共享：在社会整体范围内进行共享安排，通过对公共性事物或事务进行统筹安排来降低运行成本，惠及所有成员。

图例 ▉ 共享经济触及的领域 ▨ 其他共享行为领域

图 2-9-2 共享发展的对象与主体

资料来源：何婧，周恺.从"追求效率"走向"承载公平"：共享城市研究进展 [J].
城市规划，2021，45（4）：94–105.

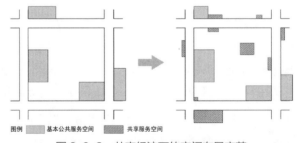

图例 ▨ 基本公共服务空间 ▉ 共享服务空间

图 2-9-3 共享经济下的空间布局变革

资料来源：聂晶鑫，刘合林，张衔春.新时期共享经济的特征内涵、空间规则与规划策略 [J].
规划师，2018，34（5）：5–11.

2）混合性、多元化的空间形式规则

共享经济不但在尺度上突破了原有空间的使用习惯，而且在时间上也进行了分割，导致空间的不确定性增强。未来很难再用单一的尺度与功能来描述一个空间的性质和使用状态，混合、多元的动态空间特征在共享时代更加突出，需要基于共享理念，对社区的组织形式、空间使用方式等进行重构，使之成为共享城市的基本组织单元（图 2-9-4）。

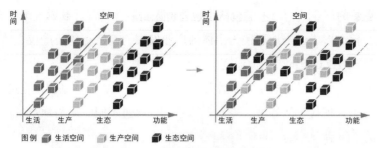

图 2-9-4　共享经济下的空间形式变革

资料来源：聂晶鑫，刘合林，张衔春.新时期共享经济的特征内涵、空间规则与规划策略 [J].
规划师，2018，34（5）：5-11.

图 2-9-5　共享城市示意图

资料来源：作者自绘.

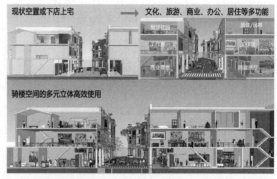

图 2-9-6　恩宁路空间混合使用改造策略

资料来源：华南理工大学建筑设计研究院.
恩宁路实施方案 [Z]. 2018.

3）共享发展设计内容

共享理念是指多方利益主体共同参与谋划，共同分享成果[①]。随着时代的发展，共享的理念和经济模式渗透到日常生活中。设计策略上，可基于共享的设计理念，梳理基地与周边环境的文化传承和延续关系，从共享文化、共享产业、共享人居等方面实现服务的供需匹配，通过构建不同类型的空间集合，通过虚拟平台进行多主体参与获益[②]（图 2-9-5、图 2-9-6）。

（1）共享文化：文脉的传承。对历史文化的传承应当结合新兴文化要素寻求共同发展，通过调查研究、多方参与、群策群力等方式发掘区域文化基因，但不是局限于历史文化。因此，应当提取地段的重点文化要素进行活力再塑，同时把握流行文化要素，衍生创意文旅产品，给予市民最适宜的体验，使多元文化能够繁荣发展。

（2）共享产业：产业的发展。存量地区产业遴选应选取最具特质性的产业作为主导产业，形成产业链与品牌效应。产业可优先考虑以三产为主导，低能耗而高效。

通过设置完整的产业结构，考虑包括本地外地人口就业情况、政府政策引导、企业资金投入，旨在形成以当地居民为主体的产业发展，经营主体与产权主体可分离，在政府引导下形成规范的经营产业链。

（3）共享人居：活力的注入。活力注入的前提是对物质性基础设施进行改善性提升，使之符合现代生活标准，提高生活品质。通过不同时段与地点的活动策划，塑造不同的空间活力[①]。

（4）共享平台："互联网+"的应用。信息化社会的高速发展预示着线上共享平台将成为地方的有力推广发展手段，将文化、产业与人居要素集中于线上平台，形成不同需求导向的特定界面，以居民利益为根本导向，对居民、企业、政府和游客的行动与需求提出实施性建议，并反映到共享平台界面上，使资源共享各方利益最大化。

2.9.3 实践案例——衡阳县山顶公园片区城市设计[②]

• 共享资源 + 共享活动

基地位于衡阳县城北部的山顶公园片区，占地 118.5hm²，其中绿地为 36.3hm²。现状用地复杂，地形复杂且局部坡度大，道路对外交通便利，内部交通不畅，公园游线组织散乱，健身设施缺乏，公园适老性考虑不足（图 2-9-7）。

设计者保留山体资源，并串联滨水空间。充满文化底蕴的建筑得到保留，并赋予其新的功能；多样性的带状绿地统筹规划，形成不同时段和需求的功能分区；利用 15min 慢行系统提升基地畅通性，共享设施及活动增强了人群交流，实现了健康老龄化状态。

1. 自然资源的共享

基地北高南低、中间高四周低，山体呈"L"形态势。已批已建用地较多，公园空间可利用空间有限（图 2-9-8、图 2-9-9）。通过"治山理水"，保留主要山体，将基地内部山体景观有机渗透到周边，缝合城市与自然，山体周边道路采用自然式道路。同时考虑道路竖向，避免大挖大建，减少土方量，保留现状较大的水

图 2-9-7　基地土地利用现状图

资料来源：王金玉、李仁旺.基于共享理念下的小城镇公园适老性规划研究：以湖南衡阳县山顶公园片区城市设计为例 [A]// 中国城市规划学会.共享与品质：2018 中国城市规划年会论文集.北京：中国建筑工业出版社，2018：11.

---

① 赵四东，王兴平.共享经济驱动的共享城市规划策略 [J].规划师，2018，34（5）：12-17.

② 王金玉，李仁旺.基于共享理念下的小城镇公园适老性规划研究：以湖南衡阳县山顶公园片区城市设计为例 [A]// 中国城市规划学会.共享与品质：2018 中国城市规划年会论文集.北京：中国建筑工业出版社，2018：11.

面，串联临近水系，满足亲水需求，岸线采用生态岸线，保护自然，融入休闲功能，激发活力（图 2-9-10）。

2. 文化资源的传承与共享（图 2-9-11）

衡阳县历史悠久，因此在设计时，针对公园现状的自然湖泊，采用植入新功能的方式，新建休闲步道、亲水平台等，激发片区活力。保留现状质量较好的老建筑，留下历史记忆，保留旧厂房，作为工厂遗址，将旧厂房烟囱改造为纪念塔，传承历

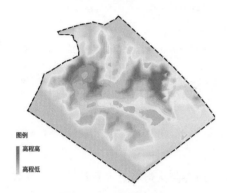

图 2-9-8 片区高程图

资料来源：王金玉，李仁旺.基于共享理念下的小城镇公园适老性规划研究：以湖南衡阳县山顶公园片区城市设计为例 [A]// 中国城市规划学会.共享与品质：2018 中国城市规划年会论文集.北京：中国建筑工业出版社，2018：11.

图 2-9-9 已批已建土地图

资料来源：王金玉，李仁旺.基于共享理念下的小城镇公园适老性规划研究：以湖南衡阳县山顶公园片区城市设计为例 [A]// 中国城市规划学会.共享与品质：2018 中国城市规划年会论文集.北京：中国建筑工业出版社，2018：11.

图 2-9-10 治山、理水、水岸示意图

资料来源：王金玉，李仁旺.基于共享理念下的小城镇公园适老性规划研究：以湖南衡阳县山顶公园片区城市设计为例 [A]// 中国城市规划学会.共享与品质：2018 中国城市规划年会论文集.北京：中国建筑工业出版社，2018：11.

图 2-9-11 烟囱改造示意图

资料来源：王金玉，李仁旺.基于共享理念下的小城镇公园适老性规划研究：以湖南衡阳县山顶公园片区城市设计为例 [A]// 中国城市规划学会.共享与品质：2018 中国城市规划年会论文集.北京：中国建筑工业出版社，2018：11.

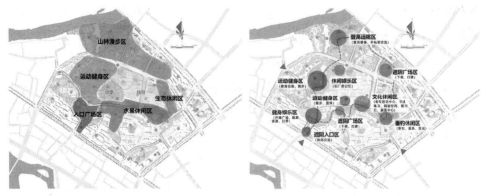

图 2-9-12　活动场地分区规划图

资料来源：王金玉，李仁旺. 基于共享理念下的小城镇公园适老性规划研究：以湖南衡阳县山顶公园片区城市设计为例 [A]// 中国城市规划学会. 共享与品质：2018 中国城市规划年会论文集. 北京：中国建筑工业出版社，2018：11.

图 2-9-13　活动场地节点流线规划图

资料来源：王金玉，李仁旺. 基于共享理念下的小城镇公园适老性规划研究：以湖南衡阳县山顶公园片区城市设计为例 [A]// 中国城市规划学会. 共享与品质：2018 中国城市规划年会论文集. 北京：中国建筑工业出版社，2018：11.

史记忆，策划丰富的活动，包括反映地方文化的界牌火灯节、九市稻草龙、花鼓戏等；景观方面，将文化元素融入设计中，以石市竹木雕作为墙上的花纹，界牌釉下五彩瓷和衡阳渔鼓做成园路边上的景观小品，路灯依据界牌火灯节的灯笼装饰，使路灯附上文化元素，彰显当地文化特色。

3. 基于时段、需求的适老性设计（图 2-9-12、图 2-9-13）

合理布局公园内的活动场地，将后山公园、党校公园与山顶公园其他带状绿地统筹规划，合理划分动静分区，满足老年人个体与群体的活动需要，整体划分为五个区域，分别是入口广场区、运动健身区、水景休闲区、生态休闲区和山林漫步区。

其中，入口广场区是人流密集区域，设置相对大型的开敞空间，便于老人快速到达后开展运动健身活动，小学内部运动场白天供学生使用，晚上对外开放，实现体育场的资源共享；水景休闲区设置文化休闲空间和垂钓休闲空间，包括老人接送学生休憩区、老年人活动中心、书法练习区、阅读空间、展览中心、观鱼区、赏花区等；山林漫步区设置为相对安静、私密的登高远眺空间和遮阴广场，为老人提供相对安静的活动空间。

4. 构建慢行交通系统（图 2-9-14～图 2-9-16）

打通主要的对外交通道路，公园内部人车分流，保证市民在公园内部安全地活动，结合主要人流方向设置公园出入口，实现在 15min 步行范围内与外围道路步行系统相衔接，可到达公交站点、县人民医院等地。

公园内步行道路避免漫长笔直，力求蜿蜒变化，在适当位置设置方向牌和地图标识，两侧多设置休息座椅，满足市民随时需要休息的要求。道路宽度在 1.5m

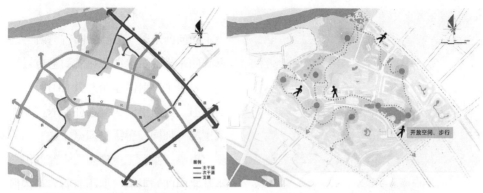

图2-9-14　道路系统规划图

资料来源：王金玉，李仁旺.基于共享理念下的小城镇公园适老性规划研究：以湖南衡阳县山顶公园片区城市设计为例 [A]// 中国城市规划学会.共享与品质：2018 中国城市规划年会论文集.北京：中国建筑工业出版社，2018：11.

图2-9-15　步行系统规划图

资料来源：王金玉，李仁旺.基于共享理念下的小城镇公园适老性规划研究：以湖南衡阳县山顶公园片区城市设计为例 [A]// 中国城市规划学会.共享与品质：2018 中国城市规划年会论文集.北京：中国建筑工业出版社，2018：11.

图2-9-16　无障碍设计与休息座椅设置

资料来源：王金玉，李仁旺.基于共享理念下的小城镇公园适老性规划研究：以湖南衡阳县山顶公园片区城市设计为例 [A]// 中国城市规划学会.共享与品质：2018 中国城市规划年会论文集.北京：中国建筑工业出版社，2018：11.

以上，满足行人和轮椅并排通过。同时，将公园内的公共活动空间和北部的山体景观通过步行路串联，形成完整的步行交通体系。

5. 策划共享活动

策划丰富多元的共享活动，在老年人活动中心和展览中心不定期地举行"市民园长之家"等活动。通过丰富的活动，改变传统公园锻炼、野餐、呼吸新鲜空气的方式，变为放松自己，享受艺术展览、全年龄运动、感受自然教育、加入公益服务、学习家庭园艺，促进市民之间的交流互动。

6. 植入共享设施

结合公园主入口设置带有明显标识的问询处，并增加相应的便民和紧急医疗救助服务。靠公园方向设置医疗保障设施，包括监控中心和康复中心，为老人提供免费定期体检、保健咨询、康复护理、智能产品租借、康复训练等服务。设置文化教育设施，为文化展览、公益服务、合唱、舞蹈，以及全年龄段的自然教育、家庭园艺提供共享的活动空间。

第 3 章

城市设计对象：
空间与类型

3.1 城市中心区

3.1.1 概念内涵

城市中心区是城市活动和城市功能的核心，集中为城市提供经济、政治、文化、社会等服务，并在空间上区别于城市其他空间[①]。

3.1.2 设计策略

1. 促进土地利用的多样性[①]

土地利用多样性，是指城市用地的斑块、数量、形状、类型、布局结构等的复杂度和丰富度，强调城市用地的异质性。提高城市用地的丰富度和复杂度，可以增加城市活力。城市中心区的规划设计可以整合多个功能，如办公、商业零售、酒店、住宅、文化娱乐设施等，发挥城市多元性的综合效益（图3-1-1、图3-1-2）。

2. 注重城市开发强度的合理性

城市中心区一般具有较高的建筑密度和开发强度，受到经济、景观、生态环境、城市功能、支撑因素等的影响（图3-1-3）。对于大城市而言，由于市场

图 3-1-1　广州花城广场

资料来源：凡事不可太尽 . 大数据时代，平台化才是出路 . [EB/OL]. [2019-04-24]. https://baijiahao. baidu.com/s?id=1631664624116094900&wfr= spider&for=pc.

① 王建国 . 城市设计 [M]. 南京：东南大学出版社，2019：160–168.

图 3-1-2　上海外滩广场

资料来源：潍方圆．准备好了？跟着潍坊职工的"随手拍"开启一场视觉盛宴～[EB/OL]．[2018–12–14]．https：//www.sohu.com/a/282023253_772151.

图 3-1-3　香港的高密度开发与高密度活力空间

资料来源：南方都市报．图集：香港提出北部都会区蓝图，大动作！大未来！[EB/OL]．[2021–10–07]．https：//www.sohu.com/a/493754288_161795.

对城市中心区的需求旺盛导致土地稀缺、土地租金昂贵，呈现出中心区普遍容积率较高的特征。因此，在设计时需平衡城市中心区土地市场的供需关系，关注开发行为带来的外部性。

3. 强调空间布局的紧凑性

现代城市规划强调紧凑型布局模式，将功能相近的建筑集中布局可使效益最大化，节约运营成本，提高人群活动便捷性。在进行高强度项目开发时，应注意过量交通引起出行方式的变化、路网布局结构产生的影响、产生潮汐交通等交通问题。

4. 注意均衡综合的土地使用方式[①]

城市中心区的各类活动也应避免过分集中，不同类型的土地应均衡分布在城市空间中。设计时应考虑特定空间在不同时间段的人群活动类型，以免出现某一时间段活力不足的情况。鼓励特定空间与其他活动空间功能混合，为多样活动项目的产生创造可能性。例如，在办公建筑周边的开放广场空间设置有趣的使用设施，吸引下班时间后人群的活动交流（图 3-1-4）。

5. 提高交通的便利性

城市中心区公共停车设施的缺乏往往导致停车难的现象，因此要基于

图 3-1-4　纽约中央公园

资料来源：济南新鲜事．空中看全球各国城市．看到济南我震惊了！[EB/OL]．[2016–03–24]．https://www.sohu.com/a/65451105_348998 纽约中央公园（上）；置昆房产服务商．航拍上海西．发现美国纽约中央公园翻版．如出一辙！[EB/OL]．[2018–09–25]．http://sh.focus.cn/zixun/d8b6bbbff6ed717f.html 纽约中央公园（下）．

① 王建国．城市设计 [M]．南京：东南大学出版社，2019：160–168.

图 3-1-5　纽约 / 香港中环城市天际线

资料来源：摄影王 . 繁华纽约城市 [EB/OL]. [2019–04–26]. http: //k.sina.com.cn/article_2327169883_
p8ab5cb5b02700h4mb.html.（左）；资讯不炸不惊人 . 97 之后 . 香港再添 10 座新地标 [EB/OL]. [2022–07–02].
https: //www.sohu.com/a/563290154_121123912.

停车需求合理配置停车设施，但也要避免过多的地下停车出入口对城市交通造成的
影响。此外，通过交通量预测，合理配置公共交通资源，通过交通线路和站点设置
配合城市设计，提高公交服务质量，优化公共交通服务，减轻城市中心区的交通压
力[①]。在项目设计时进行交通影响评价，采取相关的措施，将项目的交通影响降到最
低，保障项目区域的交通畅通，为项目运行创造良好的交通环境。

6. 创造正面有意义的城市形象

良好的环境景观及建筑群形象能够愉悦人的心情，也代表了城市的特色、文化
与定位。在有限的资源环境下，创造宜人的景观环境，减轻高大建筑的冰冷感和压
迫感；控制城市建筑风貌，形成良好的城市天际线，以建设展现城市形象的城市客
厅为目标（图 3–1–5）。

3.1.3　实践案例

1. 深圳市福田区整体城市设计 ❶

● 中心区的环境提升

福田是深圳的中心城区（图 3–1–6），与国内其他中心
城区相比具有鲜明的独特性：空间结构清晰，城区与自然
共生；兼有 CBD、新老园区（图 3–1–7）、城中村、特色街
区（图 3–1–8）及特色住区等多元的城市空间类型，差异
化的城市空间有机共生。

❶ 地点：深圳市福田区

　面积：78.8km²

　设计团队：深圳市城市
规划设计研究院、荷兰
KCAP 规划建筑事务所

　项目日期：2018—2020 年

设计旨在提升城市空间品质与特色，从城市的山海特色、公共空间、文化等方
面入手优化城市空间品质。分析现有公园、水系、园区及社区等特点，深入挖掘城
市潜力空间，作为福田未来进一步发展的空间承载，提升城市活力，优化人居环境
（图 3–1–9）。

① 叶洋 . 基于绿色交通理念的城市中心区空间优化研究 [D]. 哈尔滨：哈尔滨工业大学，2016：31–32.

图 3-1-6　福田鸟瞰图

资料来源：新浪财经.标准先行提质增效 深圳福田区打造基本公共服务"智脑"[EB/OL]. [2022-07-07]. http://finance.sina.com.cn/jjxw/2022-07-07/doc-imizirav2291025.shtml.

图 3-1-7　华强北

资料来源：福田发改.《福田区现代产业体系中长期发展规划 2017-2035》跨界及新兴产业布局篇解读 [EB/OL]. [2018-01-08]. https://www.sohu.com/a/215363602_100093763.

图 3-1-8　车公庙

资料来源：搜狐焦点宣城站.东海国际公寓_楼盘详情 [EB/OL]. [2021-08-27]. https://www.sohu.com/a/486009468_120636038.

图 3-1-9　2019 年福田区整体城市设计三维全景图

资料来源：九地景观.城市规划|存量时代的城市整体设计营造—深圳市福田区整体城市设计 [EB/OL]. [2021-10-21]. https://weibo.com/ttarticle/p/show?id=2309404694791144472922.

设计内容一：编织生态游憩网

设计在城市原有生态基底的基础上，强化城市与自然共生的绿色格局。利用塘朗山打造城市山脊公园带，促进社区生活融合自然；充分利用城市滨水空间，针对深圳河提出"深圳河深港绿滩"行动，以激活深圳河沿线空间；连通城市南北山水，打造五条生态廊道，融合居民公共文化生活（图 3-1-10），提升福田自然山体和公园水岸的可达性，提升生态空间的活力和吸引力，编织城市生态游憩网，构建自然山海与居民生活间的连接。

设计内容二：营造人本生活圈

充分发挥福田区的绿化覆盖率与轨道站线站点分布优势，在公园和生活区之间增加慢行街道，并活化大型公园边界，在公共空间中植入活力场所、小型公园、街道公园，合理利用防护绿地，共同打造"公园邻里生活圈"（图 3-1-11）；优化轨道站点周边环境，推动轨道和周边片区联动发展，将轨道站点打造成片区的交往中心，形成"轨道站点出行圈"，提升公共设施的凝聚力，营造体现福田特色的人居环境。

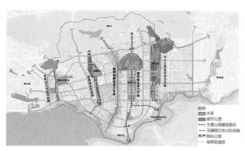 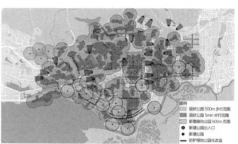

图 3-1-10　山水连接：都市中可参与的自然环境
资料来源：九地景观．城市规划｜存量时代的城市整体设计营造—深圳市福田区整体城市设计[EB/OL]．[2021-10-21]．https：//weibo.com/ttarticle/p/show?id=2309404694791144472922．

图 3-1-11　福田公园邻里生活圈示意图
资料来源：九地景观．城市规划｜存量时代的城市整体设计营造—深圳市福田区整体城市设计[EB/OL]．[2021-10-21]．https：//weibo.com/ttarticle/p/show?id=2309404694791144472922．

设计内容三：激活主题街区

以城市次级道路为基础，激活道路两侧的街区。通过植入活力空间激活街区，同时梳理街巷空间，提升空间品质。设计选取中心区、中轴南、车公庙—沙头片区、香蜜湖等九个条件适宜、具有深圳特色的街区进行重点打造，对每个街区进行有针对性的城市设计引导，打造多主题、业态混合的主题活力街区。如中心区（图3-1-12）通过丰富功能、提升空间品质、加强公共连接、营造人文氛围等方式实现街区的品质提升。

设计内容四：植入文化新空间

深入挖掘城区各类兴趣点及相关空间要素，将这些要素按主题进行串联，新增公共艺术空间，并有效利用地下枢纽空间，形成特色游径，串联体现福田特色的文化场所、街道和街区，打造安托山、自然观光与文化体验、自然观光与红色教育、社区悠游、都市慢行与活力体验、国际时尚与生态游憩、都市景观与科普教育、历史文化与时尚购物、历史文化体验等九条可以漫游的"半日游环"（图3-1-13），增强城区内部的游憩体验。

图 3-1-12　中心区主题活力街区品质提升示意图
资料来源：九地景观．城市规划｜存量时代的城市整体设计营造—深圳市福田区整体城市设计[EB/OL]．[2021-10-21]．https：//weibo.com/ttarticle/p/show?id=2309404694791144472922．

图 3-1-13　福田九条半日游环示意图
资料来源：九地景观．城市规划｜存量时代的城市整体设计营造—深圳市福田区整体城市设计[EB/OL]．[2021-10-21]．https：//weibo.com/ttarticle/p/show?id=2309404694791144472922．

设计内容五：点亮山海都市新形象

根据公众意向调查结果，福田城市印象最深的城市景观以人造景观为主，主要集中在中心区及中轴线，缺乏生态自然的景观体验。方案通过识别福田有价值的自然生态元素，并与现代都市要素叠加，营造"全景 + 湾景 + 河景 + 街景"的公共景观节点（图 3-1-14），丰富福田都市景观的维度，重塑个体与都市的感官联系，营造不一样的现代中心城区魅力。

2. Aviapolis 城市街区，芬兰万塔 ❶

● **连接世界的弹性新城区**

万塔社区是一个区域面积达 15.6hm² 的街区，设计者打破传统社区空间，以多功能的集体空间及再生系统打造了循环社区。通过改变街区尺寸及出行方式等构建高密度城市网络，通过多样的建筑形式和基础设施组成了充满活力、可持续生活的社区空间。

该社区坐落在紧邻赫尔辛基万塔机场的 Veromies 区的 Aviapolis。Aviapolis 是芬兰南部万塔市的一个集商业、零售、娱乐等功能于一体的商业中心，同时也是国际和国内运输、客流的枢纽，是芬兰通向世界的门户（图 3-1-15）。Mandaworks 和 Masslab 组成的设计团队，以其方案"当世界遇见芬兰"被评审团授予共同一等奖。

赫尔辛基万塔机场是欧洲和亚洲空中交通的重要枢纽，每年要接待 1700 多万乘客。机场枢纽逐渐成为当地生活方式与国际趋势相融合的核心。但是，这种丰富性带来的后果是机场的空中交通产生的大量垃圾将对当地环境带来威胁。

设计师针对 Aviapolis 第一阶段的设计方案，能够提高区域的文化和生活方式交流，同时通过创新的循环收集系统解决产生的环境问题（图 3-1-16）。

设计内容一：循环型社区（The Aviapolis Circular Community）

设计师强调社区和循环性，希望通

❶ 位置：芬兰万塔

竞赛日期：2017—2018 年

面积：240000m² 开发区域（包括 1500 个住宅），15.6hm² 用地

设计团队：Mandaworks+Masslab

项目团队：Patrick Verhoeven, Martin Arfalk, Andrei Deacu, Alessandro Macaluso, Mariada Stamouli, Giulia di Dio Balsamo, Emilia Puotinen

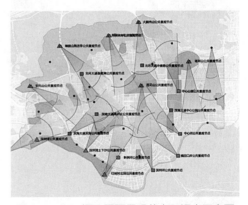

图 3-1-14　福田重要景观节点和视廊示意图

资料来源：九地景观 . 城市规划 | 存量时代的城市整体设计营造—深圳市福田区整体城市设计 [EB/OL]. [2021-10-21]. https：//weibo.com/ttarticle/p/show?id=2309404694791144472922.

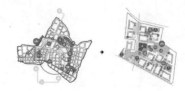

图 3-1-15　万塔是芬兰通向世界的枢纽

资料来源：MANDAWORKS. Where the World Meets Finland [EB/OL]. 2018. https：//www.mandaworks.com/aviapolis.

过建设一个资源节约型的社区，将该社区与世界相连并涉及当地居民（图 3-1-17~图 3-1-19）。这些系统通过在各个区块内以及整个公共领域中发现的集体共享空间得到结构的支持。这些空间散布在街区和整个城市公共领域中，一起形成了一个社交口袋网络，可以承载城市的各种功能和规模的活动。方案提供了大型集体空间作为当地的邻里中心，通过策略性公共功能的置入和再生循环系统的结合，使得建筑和景观与周边城市肌理实现了融合。这些循环系统利用基地现有的潜力，使功能性景观的价值达到最大化，例如雨水下渗、污水再利用和过滤、生物多样性增长、二氧化碳封存容量、智能能源生产、废物管理循环和局部小规模生产等。

图 3-1-16　世界 + 芬兰 = 世界与芬兰相遇的地方

资料来源：MANDAWORKS. Where the World Meets Finland [EB/OL]. 2018. https://www.mandaworks.com/aviapolis.

图 3-1-17　循环社区方案效果图（1）

资料来源：MANDAWORKS. Where the World Meets Finland [EB/OL]. 2018. https://www.mandaworks.com/aviapolis.

设计内容二：道路系统（从城市网格到社交原子，From City Grid to Social Atoms）

设计方为 Aviapolis 设计了一个高度密集的城市网络系统（图 3-1-20）以达到文脉延续的目的。方案结构将大尺度的平面空间划分为更细致、具有人体尺度和步行友好的城市街区（图 3-1-21、图 3-1-22），保留了现有植被和水体，形成了一个具有吸引力的中央公园，为社区创造了最重要的社交空间（图 3-1-23）。改变街区结构、创造社交公共空间，优先布置步行、骑行和公共交通出行方式，将这些要素作为城

图 3-1-18　循环社区方案效果图（2）

资料来源：MANDAWORKS. Where the World Meets Finland [EB/OL]. 2018. https://www.mandaworks.com/aviapolis.

图 3-1-19　方案效果图

资料来源：MANDAWORKS. Where the World Meets Finland [EB/OL]. 2018. https://www.mandaworks.com/aviapolis.

1. 各种社交空间　2. 扩展网格　3. 水体和植被确定中央公园结构

4. Atomi 教育催化剂　5. 转变结构为社交活动创造空间　6. 社交原子的多样性为城市循环提供能量

图 3-1-20　高度密集的城市网络系统

资料来源：MANDAWORKS. Where the World Meets Finland [EB/OL]. 2018. https：//www.mandaworks.com/aviapolis.

图 3-1-21　平面空间被划分为细致的城市街区

资料来源：MANDAWORKS. Where the World Meets Finland [EB/OL]. 2018. https：//www.mandaworks.com/aviapolis.

传统街区　　重新分配质量　　Aviapolis 街区　　各种社交空间
Traditional block　Redistributed mass　Aviapolis block　Variety of social spaces

图 3-1-22　社区体块示意图

资料来源：MANDAWORKS. Where the World Meets Finland [EB/OL]. 2018. https：//www.mandaworks.com/aviapolis.

市中的"社交原子"，共同创造一个由建筑和空间组成的网络，用来做城市"循环"活动的载体。

设计内容三：建筑多样性（Building for Diversity）

各种功能的建筑构成了可以承载活动的居住社区（图 3-1-24、图 3-1-25），结合建筑高度、类型、配置和不同功能，形成了一个有质感并且居民可自由选择生活方式的居住社区。高层建筑提供可观赏城市景观的优美视野，而低层

图 3-1-23　中央公园为社区创造了最重要的社交空间

资料来源：MANDAWORKS. Where the World Meets Finland [EB/OL]. 2018. https：//www.mandaworks.com/aviapolis.

建筑将拥有完美的私人花园。街区为居民提供不同尺度的集体空间——从住宅到街区，从街道到社区：集体厨房、桑拿房、天台花园、手工坊、电动自行车中心

和自行车咖啡馆、工具出租屋、洗衣设施、贵宾室、绿色住宅、电动汽车池、电影院、虚拟游戏室、食物花园、3D 打印空间、废物回收利用空间、即插即用广场和能量口袋等。街区和空间的比例确保了城市功能的灵活分布，允许空间随着时间

图 3-1-24　多样性建筑构成功能灵活的居住社区
资料来源：MANDAWORKS. Where the World Meets Finland [EB/OL].
2018. https：//www.mandaworks.com/aviapolis.

的推移而进化和移动。Aviapolis 城市街区将提供最大化的城市生活多样性，促进和支持更广范围的可持续生活方式，让更多的芬兰居民感受到可持续的生活体验。

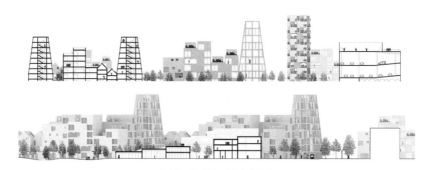

图 3-1-25　城市剖面
资料来源：MANDAWORKS. Where the World Meets Finland [EB/OL].
2018. https：//www.mandaworks.com/aviapolis.

3.2　城市广场

　　城市广场作为日常使用频率高、承载公共功能多样化的城市开放空间，主要起承载城市居民休闲娱乐活动、调和人车矛盾、舒缓城市建筑密度及承担特殊时段活动场地的作用。核心关注点在于坚持以人为本的设计原则，提供舒适的空间体验感，创造多样化的功能形态及美化城市形态等。

3.2.1　概念内涵

　　从物质形态角度看，广场是一种经过精心规划设计的，由建筑物、构筑物或绿化等围合而成的开放空间[1]。

---

[1]　王建国. 城市设计 [M]. 南京：东南大学出版社，2019：144–154.

从功能导向角度看，广场是由于城市功能上的要求而设置的，是供人们活动的空间，城市广场通常是城市居民社会活动的中心，广场上可进行集会、交通疏散、居民游览休憩、商业服务及文化宣传等（图 3-2-1、图 3-2-2）。广场旁一般都布置着城市中重要的建筑物，广场上布置设施和绿地，能集中地表现城市空间环境面貌[1]。

从城市广场的构成上看，城市广场需包含场所、内容、构成、使用方式和意境等五方面的基本限定。城市广场是为满足多种城市社会生活需要而建设的，以建筑、道路、山水、地形等围合，由多种软、硬质景观构成（图 3-2-3），采用步行交通手段，具有一定的主题思想和规模的节点型城市户外公共活动空间[2]。

3.2.2　设计策略

1. 城市广场的围合

格式塔原则提出"图底关系"，即元素被理解成图形（视线聚焦的明显的元素）或背景（除了中心图形以外的背景或图片）。建筑与其围合产生的广场空间形成城市的图底关系，在现代城市中要考虑居民的使用性和视觉效果。广场的围合一般分为以下形式：

（1）四面围合的广场。当广场规模尺度较小时，这类广场就会产生极强的封闭性，具有强烈的向心性和领域感。如布鲁塞尔中央大广场（图 3-2-4），

图 3-2-1　纽约时代广场

资料来源：扬洛去旅行. 美国最发达的城市. GDP 比上海多两万亿. 人口却不到 900 万！[EB/OL]. [2019-05-08]. https://www.163.com/dy/article/EEMFVI540524WA6C.html.

图 3-2-2　英国特拉法加广场

资料来源：海外粗心的乌冬面. 葡萄牙有多适合生活？进来了解 [EB/OL]. [2022-05-31]. https://www.163.com/dy/article/H8NAR81OO5530AYC.html.

图 3-2-3　北海北部湾广场

资料来源：小贷谈教育. 中国这四座城市. 交通便利空气好. 生活安逸养老就在其中选 [EB/OL]. [2022-05-09]. https://baijiahao.baidu.com/s?id=1732315606737386136.

---

[1]　李德华. 城市规划原理 [M]. 3 版. 北京：中国建筑工业出版社，2001：512-513.

[2]　王珂. 城市广场设计 [M]. 南京：东南大学出版社，2000：10-20.

图 3-2-4　布鲁塞尔中央大广场

资料来源：Google Earth.

图 3-2-5　罗马卡比多广场

资料来源：Google Earth.

广场呈长方形，周边是大片民居建筑和纵横交错的古老建筑，形成由狭窄到开阔的空间层次。

（2）三面围合的广场。封闭感较好，具有一定的方向性和向心性。如罗马卡比多广场（图 3-2-5），呈对称的梯形，前沿完全敞开，采用大坡道登山，结合栏杆和大型雕像围合的方式，增强了景观层次。

（3）两面围合的广场。常位于大型建筑与交通转角处，平面形态有"L"形和"T"形等。领域感较弱，空间有一定的流动性。但是这种"边角料"形成的空间经过改造后便可成为"城市小客厅"，如广西合景国际金融广场（图 3-2-6），为周边居民提供活动、聊天的场所，增强市民的归属感和幸福感。

（4）仅一面围合的广场。这类广场往往封闭性很差，如广州东站广场（图 3-2-7），规模较大时可考虑组织不同标高的二次空间。

（5）没有围合的广场。这类广场往往被机动车道包围，难以形成场所感，行人到达不便。

图 3-2-6　广西合景国际金融广场

资料来源：搜狐焦点 . 广西合景国际金融广场 [EB/OL]. 2023. https://nn.focus.cn/loupan/20027024.html.

图 3-2-7　广州东站广场

资料来源：南方易格 .「春风木棉」满花城 [EB/OL]. [2020-08-11]. https://www.163.com/dy/article/FE5BDVIB0518RJ7J.html.

2. 城市广场的竖向空间形态

平面型广场是指广场与城市道路在一个平面上，建筑、景观、小品、水体及绿化铺地等都在同一个平面上，如上海人民广场、大连人民广场和北海北部湾广场等。缺点是比较乏味，一眼望到边际，优点是用比较少的经济成本为城市增加亮点。随着人们对空间需求的不断增长，设计师出于利用空间的考虑，出现了立体型广场，其又分为上升式和下沉式广场。

上升式广场一般将车行放在较低的层面，而把人行和非机动车交通放在地下，实现人车分流。例如，巴西圣保罗市的安汉根班广场，地处城市中心，过去曾是安汉根班河谷。20世纪初被设计成一条纯粹的交通走廊，之后重新进行规划设计，核心就是建设一座巨大的面积达 6hm^2 的上升式绿化广场，而将主要车流交通安排在低洼部分的隧道中，增强了圣保罗城市中心活力。

图 3-2-8　成都天府广场

资料来源：兮妹爱跳舞 . 成都"最疯狂"的胡同 . 外地游客络绎不绝 . 本地人却寥寥无几 [EB/OL]. [2022–08–06]. https://baijiahao.baidu.com/s?id=1740404055783364000&wfr=spider&for=pc（上）；迷失的雪竹 . 四川再添"国际商城" . 耗资 53 亿落户成都 . 预计 2021 年 4 月底上线 [EB/OL]. [2021–01–18]. https://baijiahao.baidu.com/s?id=1689156148501025396（下）.

下沉式广场的内部标高一般低于广场周围的围合空间，不仅能解决不同交通分流的问题，而且在现代城市喧嚣嘈杂的外部环境中，更容易取得一个安静安全、围合有致且具有较强归属感的广场空间。例如，成都天府广场（图 3-2-8）的中央，通过高差的变化，形成二次围合，产生一个小型的下沉式广场，适当的围合符合人的尺度感和心理需求，因此使得交流、嬉戏、读书的发生频率更高。下沉式广场常常结合地下街、地铁乃至公交车站设置。日本名古屋市中心广场更是综合了地铁、商业步行街的使用功能，成为现代城市空间中一个重要的组成部分。

3.2.3　实践案例

1. 马德里，萨尔瓦多·达利广场（Plaza de Dalí）❶

● 路面整体性塑造 + 光线的运用

萨尔瓦多·达利广场是极具价值的城市复合空间，设计者利用路面铺装使建筑与公共空间达到统一，将灯光作为广场新形态的打造元素，并起到夜间"启明灯"的作用。

❶ 建筑师：Francisco Mangado

项目地点：西班牙马德里，萨尔瓦多·达利广场

总面积：2 万 m^2

竞赛时间：1999 年

设计时间：2002 年

建造时间：2005 年

图 3-2-9 区位图（左）与平面图（右）

资料来源：珠海上禾园林景观设计有限公司．西班牙马德里达利广场景观设计 [EB/OL].
2023. http://www.shanghe2006.com/shanghe2006_affiche_10525699.html.

1985 年马德里市为对达利❶ 表示敬意而建造了达利广场（图 3-2-9），两面对称的建筑围合使达利广场形成轴线广场。但是，区域内糟糕的路况却使该区域成为人迹罕至的空间，邻近百货商店的停车区占据了整个地下空间，并超过了项目本身的尺度。由于十分接近上方地面，因此无法种植植被。萨尔瓦多·达利的一部雕塑作品——"向牛顿致敬"，屹立在广场的一端。

❶ 即萨尔瓦多·达利（Salvador Dalí），是著名的西班牙加泰罗尼亚画家，因为其超现实主义作品而闻名，与毕加索、马蒂斯一起被认为是 20 世纪最有代表性的三个画家。

新项目有如下两个目标：通过改造、重铺路面和结构重建，赋予建筑独特的形式特色，与城市的中央公共空间的定位相统一；保证建筑的舒适度，使与建筑有距离感的周围人群感到轻松自在、宾至如归。广场路面铺装与光线的运用成为整个广场的特色要素。

设计内容一：路面铺装激发城市转型潜力

新铺设的路面代表了项目的整体性。"密集的"路面以花岗石和青铜建造而成（图 3-2-10），而 LED 条带使广场充满别具一格的几何顺序和视觉吸引力。在该项目中，铺砌的路面是唯一具备激发城市转型潜力的因素，是大部分的项目决策中需要首先考虑的因素。它超越了自身物质的和次要的角色特征，具备了概念和战略价值，成为本项目中的基础。

图 3-2-10 广场地面铺地

资料来源：珠海上禾园林景观设计有限公司．西班牙马德里达利广场景观设计 [EB/OL].
2023. http://www.shanghe2006.com/shanghe2006_affiche_10525699.html.

设计内容二：光线的运用

设计师将光线作为建筑"材料"之一，用于塑造广场新形态。光线充当改造地下停车场入口（行人入口与车辆入口）的辅助因素，而具体方位则不改变。因此，尽管这些入口在初始阶段似乎是阻碍因素，但最终它们将成为具有特殊意义的"启明灯"，而这要归功于它们在新广场内的尺度和位置。在夜间可以凭借灯光优势，将人们的目光再次吸引到不被注意的地面上（图 3-2-11）。

2. 冰岛首都雷克雅维克城市广场 ❶

• 公共空间的推演 + 层级功能的分布

雷克雅维克城市广场设计团队从食物大厅中汲取灵感，通过对道路的改造、边缘条件的保留及多样的活动形式的注入，在内外公共空间的组合模式下提高了共享空间的使用频率。

该设计方案"Lively Hlemmur"是冰岛雷克雅维克市举办的 Hlemmur 广场设计国际比赛中的一等奖（图3-2-12、图3-2-13）。设计单位是瑞典建筑事务所 Mandaworks。Hlemmur 广场位于雷克雅维克市中心，在该市主要商业街的东端。作为通往城市中心的门户，这一地区有着深厚的历史意义。

设计内容一：空间组织

提案探索着新广场的设计概念以及如何通过设计加强现有公共空间的质量。设计者从食品大堂中汲取灵感，设计了一套有遮阳

图 3-2-11　地面上的条形灯带

资料来源：珠海上禾园林景观设计有限公司 . 西班牙马德里达利广场景观设计 [EB/OL]. 2023. http：//www.shanghe2006.com/shanghe2006_affiche_10525699.html.

图 3-2-12　设计平面图

资料来源：MANDAWORKS. Hlemmur Square [EB/OL]. 2018. https：//www.mandaworks.com/hlemmur–square.

食品广场

Hlemmur 最大的资产是食品大厅。这是一个充满活力的地方，也是城市的地标。我们能从这个成功的城市发电机中学到什么呢？

二比一好

随着即将到来的道路改造，Hlemmur 广场将变得更大。我们利用新增的空间来扩大食品大堂的功能区域。

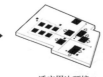

适应周边环境

由于没有建筑的限制，我们的广场项目可以更加自由地进行规划设计。我们对于新的功能业态进行仔细的定位，这其中考虑到视线、未来的交通流量变化以及对现有边缘条件的保留。

激活：+0~1m

乒乓球、BOULLE、自行车修理和食品生产等活动让人们聚集在这个空间里，满足他们的需求。

表皮：+0~5m

由波纹钢、玻璃和镜子组成的保护层，同时允许视觉连接，让人们进行交流。

景观：+0~10m

当地的植物，如山梨和桦树，使广场变得柔和，给没有保护的夏季和春天的空间提供了造型。

图 3-2-13　项目概念推演图

资料来源：MANDAWORKS. Hlemmur Square [EB/OL]. 2018.
https：//www.mandaworks.com/hlemmur–square.

❶ 设计公司：瑞典建筑事务所 Mandaworks

项目位置：冰岛

类型：建筑、景观

分类：广场

项目团队：马丁·阿法克（Martin Arfalk）、帕特里克·韦尔霍文（Patrick Verhoeven）、Andrei Deacu、Pia Kante、Cyril Pavlu、Katerina Vondrova、Kinga Zemla

的可组织内部功能的房间，与开放式共享空间相结合，形成一个互补的室内室外的公共集会点（图 3-2-14 ~ 图 3-2-16）。

"活跃的 Hlemmur"向一个重要的公共空间引入了能量、趣味和自我身份的辨识度，与当地的居民们一起，享受彼此的陪伴，在各种情况下让公共生活最大化。

图 3-2-14　广场整体设计俯瞰

资料来源：MANDAWORKS. Hlemmur Square [EB/OL]. 2018. https：//www.mandaworks.com/hlemmur-square.

图 3-2-15　互补的室内室外的公共集会点

资料来源：MANDAWORKS. Hlemmur Square [EB/OL]. 2018. https：//www.mandaworks.com/hlemmur-square.

图 3-2-16　夜间效果图

资料来源：MANDAWORKS. Hlemmur Square [EB/OL]. 2018. https：//www.mandaworks.com/hlemmur-square.

设计内容二：广场分析（图 3-2-17）

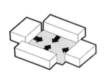

传统广场

传统广场与周边的关系以及业态定义了其空间形式。

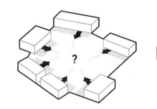

Hlemmur 的条件

如今的 Hlemmur 广场缺乏构架、辨识度和使用空间的理由。

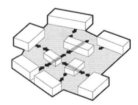

活跃的 Hlemmur

新的业态可以为广场注入能量和生活的气息，同时创造新的、让人兴奋的边缘情况来激活其间的空间。

图 3-2-17　广场分析图

资料来源：MANDAWORKS. Hlemmur Square [EB/OL]. 2018. https：//www.mandaworks.com/hlemmur-square.

• 从交通环岛到礼仪活动广场的功能与活力回归

3. 广州海珠广场

海珠广场是城市珠江风情蓝色水岸与广州礼仪红色轴线的重要节点，定位为珠海丹心庆典广场。设计因应不同场景的慢行与活动需求，提供了相应的交通路线选项，基于广场定位与广州特色元素进行景观设计，结合两侧公园景观提供了多样化功能的城市公共空间广场。

1）项目简介

海珠广场位于广州起义路与沿江西路交汇处，汇集了丰富的红色文化资源及良好的景观环境，是广州市改造红色文化示范区、展示老城市新活力的重要城市舞台。广场周边的海珠桥、五仙门发电厂、广州宾馆、华安楼、华夏大酒店及鸿星海鲜酒家等一系列具有时代特色的建筑群，具有直接临江、尺度适宜等优势，共同构成了海珠广场的唯一性（图3-2-18、图3-2-19）。

图3-2-18 海珠广场改造前
资料来源：华南理工大学建筑设计研究院.
海珠广场及周边地区详细设计导则 [Z]. 2019.

2）方案设计

（1）广场扩大

设计基于现有的红色文化、城市背景及广场定位，将原有广场扩大，广场中心基于广州解放纪念雕像设计成五边形，赋予其可以代表广州的木棉花形状，形成"缤缤广场—纪念像—国旗"的空间序列（图3-2-20）。

（2）场所精神重建

以纪念像与国旗为中心，选取木棉花、五角星、五边形及放射线为设计元素，形成"五角星＋木棉花＋五边形＋放射线"的广场构图母题（图3-2-21）。同时对海珠广场周边建筑、两侧景观公园及沿江路重要建筑进行灯光方案的设计，利用夜晚灯光元素的变化，在庆典期间呈现出震撼璀璨的红色文化展示效果，为彰显广场红色文化特色增添仪式感，真正唤醒海珠广场夜间活力。

图3-2-19 海珠广场周边历史建筑群
资料来源：华南理工大学建筑设计研究院.
海珠广场及周边地区详细设计导则 [Z]. 2019.

（3）快慢流线组织

充分考虑到广场的休闲性、娱乐性和文化性，使不同时期的空间活动具有充分的场地空间，以区域交通不受影响为前提策划广场不同情境下的交通组织方案（图3-2-22~图3-2-25）。在庆典当日进行交通管制，只允许行人通过及停留，日常情况下遵循改造前交通组织方式。海珠广场远期将打造成以人为本的城市活动广场，

图 3-2-20　海珠广场设计总平面图

资料来源：华南理工大学建筑设计研究院.
海珠广场及周边地区详细设计导则 [Z]. 2019.

图 3-2-21　海珠广场设计及建成效果

资料来源：作者自摄.

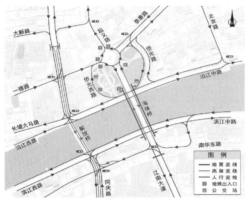

图 3-2-22　海珠广场改造前交通组织

资料来源：华南理工大学建筑设计研究院.
海珠广场及周边地区详细设计导则 [Z]. 2019.

图 3-2-23　近期机动交通流线规划

资料来源：华南理工大学建筑设计研究院.
海珠广场及周边地区详细设计导则 [Z]. 2019.

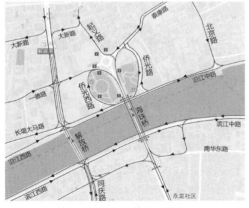

图 3-2-24　中期机动交通流线规划

资料来源：华南理工大学建筑设计研究院.
海珠广场及周边地区详细设计导则 [Z]. 2019.

图 3-2-25　远期机动交通流线规划

资料来源：华南理工大学建筑设计研究院.
海珠广场及周边地区详细设计导则 [Z]. 2019.

将车行流量疏解到周边道路，真正实现"还广场于市民"。

（4）广场层面提升

在环境设施的处理中运用绿植包围广场上众多的地铁出风井，并结合公共座椅设施

图 3-2-26 海珠广场建成效果日景实拍

资料来源：华南理工大学建筑设计研究院 . 海珠广场及周边地区详细设计导则 [Z]. 2019.

的美化予以遮蔽。运用意象元素及其组合设计图形，融入广场户外导向标识、城市家具等公共设施当中，也可用于旅游纪念品、室内装饰中，体现老广场的红色文化特色。

3）产生的社会效益

海珠广场的提升改造计划使其回归了城市舞台的本质——一个拥有可进入性、步行友好性的广场。在国庆期间的升旗仪式引各界近千人士驻足观看，夜晚灯光及园博会景观公园吸引了大量的市民来此进行灯光观赏与游玩。可见，城市设计应坚持"以人为本"，实现真实方案中政治目标与社会目标的共赢（图 3-2-26）。

3.3 城市滨水区

滨水区的城市设计主要塑造舒适的与水共生的城市生活，实现驳岸的生态化与公共化，提升滨水区活力及设计高品质的滨水空间。

3.3.1 概念内涵

城市滨水区指城市陆域与水域相连接的一定范围内的空间总称，包括山水空间、水际线和相邻近陆地空间。特点是有自然山水景观和丰富的历史文化内涵，水体与陆地共同构成环境的主导因素，相互作用，共同形成城市中独特的建设用地。

滨水区设计一般遵从以下原则。

1. 尊重历史文脉

具有历史文脉的滨水区一般来说是这座城市最早发展也最具有城市性格的公共空间（图 3-3-1）。城市的滨水空间在城市特色的塑造上具有很大的挖掘潜力，设计要尊重并延续传统文化。对于众多的历史人文景观，蕴含着丰富的历史文化痕迹，因此在设计过程中要遵循"历史性"原则，创造出基于地方文脉且具有时代精神的公共空间，恢复和提高景观活力，塑造新的城市形象[1]。

2. 生态优先原则

塑造滨水空间的生态格局连续性和完整性（图 3-3-2、图 3-3-3）。对滨水景观资源进行挖掘与运用，构建生态廊道，保护生物的多样性，创造多样化的景观组团，促进自然循环，实现景观的可持续发展。

3. 开放性原则

城市滨水区的开放性反映了城市与水域环境的连通程度，空间的区位特性决定了滨水区应面向自然和市民两个对象。因此，应尽可能鼓励土地的混合使用，加强公共设施和项目的建设，促进空间的公共和公平性的实现。处理好城水肌理的融合；结合公共属性打造层次渐变的空间秩序；构建从城市内部向滨水区等级逐渐降低的交通系统；建设网状、大面积连续的蓝绿系统（图 3-3-4~图 3-3-6）。

4. 亲水性原则

在设计滨水区时应尽量减少人工景观的建设，更多地拓展自然景观和绿色空间的竖向空间。创造使使用者更方便地通过各种感官接触水的机会，而不是建造又高又宽的堤岸将人与水远远地隔开。注重滨水景观的实用性，用合理的道路连接滨水区与其他城市空间；适当设置亲水平台，满足人渴望自然、回归自然的需求；在景观中设置座椅、休息长廊等，充分体现人性化原则。

图 3-3-1　英国利物浦滨水工业区再开发
资料来源：作者自摄.

图 3-3-2　澳大利亚帕斯伊丽莎白码头建设
资料来源：林创优景 .【每日案例】澳大利亚伊丽莎白滨水码头 [EB/OL]. [2019-02-17]. https://www.sohu.com/a/295338239_99921012.

图 3-3-3　新加坡滨海湾建设
资料来源：作者自摄.

图 3-3-4　美国纽约"BIG U"韧性滨水岸线设计
资料来源：Starr Whitehouse Landscape Architects and Planners. The Big U: Rebuild By Design [EB/OL]. 2016. https://www.starrwhitehouse.com/project/rebuild-by-design/.

① 王建国 . 城市设计 [M]. 南京：东南大学出版社，2019：176-185.

图 3-3-5　美国圣安东尼奥滨河步道设计

资料来源：七大洲旅行家牟鹏．德克萨斯圣安东
尼奥最美景点．遍布德州气息的滨河步道
[EB/OL]．[2019-02-16]．https://www.sohu.com/a/
295047862_360870?_f=index_chan08travelnews_3.

图 3-3-6　广东万里碧道建设（云浮新兴段）

资料来源：作者自摄．

3.3.2　设计策略

　　人是滨水景观的设计者和制造者，也是滨水空间的使用者，空间最终是为人服务的。水作为城市的命脉，滨水区支撑着城市生命的延续。水体承载着水分循环、水土保持、贮水调洪、水体涵养、维护大气成分稳定的功能，在改善城市小气候、调节温湿度、净化空气、吸尘减噪，调节城市生态环境，促进城市持续健康发展方面也起着积极作用。滨水区的规划设计，在处理城市空间的同时，还应达成以下对水良性干预的设计策略。

　　1.水系弯曲度的生态性调整

　　在较大范围的滨水空间设计时，我们常把水系弯曲度纳入设计考量，其反映着河流发育程度，对于弯曲的生态性河流如果只是简单的截弯取直、修筑防洪堤，则会导致湿地消失，生物灭绝，如 1860 年的瑞士图尔河工程。设计时应根据历史形态、水文、地质和地貌学特点等，在保持原有河道总体弯曲走向不改变的基础上进行细微调整，保持原有生态特点[①]（图 3-3-7）。

　　2.生态岸线的优化设计

　　设计滨水空间的生态岸线应该利用植物或者植物与土木工程相结合的方式，这是一种对河道坡面进行防护的新型护岸形式。它的原则和宗旨是确保河道基本功能，恢复和保持河道及其周边环境的自然景

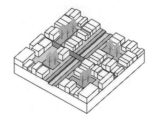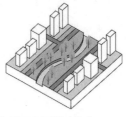

图 3-3-7　建成区尽量恢复历史河道（左），
新区保留现有河道（右）

资料来源：华南理工大学建筑学院城乡规划学
2014 级毕业设计．

---

① 珠三角典型地区城水关系规划优化导则，华南理工大学建筑学院城乡规划学 2014 级毕业设计，2019 年。

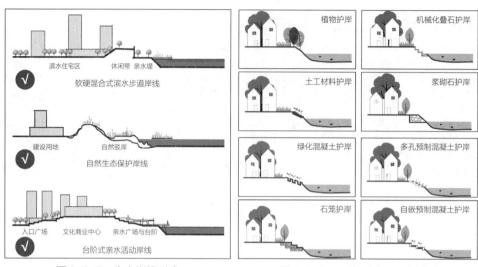

图 3-3-8　生态岸线形式

资料来源：华南理工大学建筑学院
城乡规划学 2014 级毕业设计.

图 3-3-9　驳岸形式—驳岸材质

资料来源：华南理工大学建筑学院
城乡规划学 2014 级毕业设计.

观，改善水域生态环境，提高河道亲水性和土地的使用价值，提供给人们一个见水、近水、亲水的舒适环境，重现大自然的勃勃生机[1]（图 3-3-8）。

设计时的驳岸形式应多样化。岸线的形式要模拟自然河道的走向形态，保持、恢复河道蜿蜒特性，并且因地制宜地选择合适绿植，对断面与护岸进行生态化改造，使沿岸水景观具备一定的规模和连续性。驳岸材质：结合河道及沿河陆地功能和规模，考虑水力特性、生态景观需求等因素，合理选择河道驳岸材料（图 3-3-9）。

3. 水系循环的优化调整

在条件允许的情况下应尽量增加水系的连通性（图 3-3-10）。城市中的人工湖体常常为保证局部水体的水位、水质与景观效果，严控入水口、利用人工管道与整体网状水系隔离，这不但无法提升整体水系的调蓄与生态功能，甚至带来水环境负效益。规划设计要注重形态与景观，部分人工湖应当从整体层面对湖体选址、面积、形状进行把控，与周边水系适当连通，形成良好的生态水系循环（图 3-3-11）。

4. 优化水面率，打造水城特色空间

城市水面率的控制是滨水空间设计的一种有效手段。当现状水面率大于指标控制范围，则保持现状水面率，不得减少；当现状水面率小于控制范围，则应增加调蓄水体面积。

水面率指标控制可以从以下几个方面考虑：其一，建议在水网相交处、河道末端处拓宽水面，新增人工水体，使水体大小富于节奏对比，更易于营造滨水公共空间和水城形象，为市民提供更多的户外活动区域（图 3-3-12）；其二，水系改造

---

① 珠三角典型地区城水关系规划优化导则，华南理工大学建筑学院城乡规划学 2014 级毕业设计，2019 年。

不得截断、掩埋和覆盖流动水体，不得减少现状水域面积总量和规划水面率指标（图 3-3-13）；其三，低密度城市发展区域即不透水表面率在 41%~70% 之间，应重点增加水体覆盖面积，能有效降低地表温度。中、高密度城市发展区域即不透水表面率在 71%~100% 之间，应重点增加植被覆盖面积，以降低地表温度（图 3-3-14）。

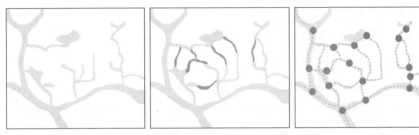

图 3-3-10　增加水系连通性

资料来源：华南理工大学建筑学院城乡规划学 2014 级毕业设计.

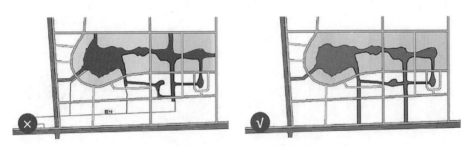

图 3-3-11　人工湖与水系关系

资料来源：华南理工大学建筑学院城乡规划学 2014 级毕业设计.

图 3-3-12　拓宽水面，疏浚河道（左）、新增人工水体（右）

资料来源：华南理工大学建筑学院城乡规划学 2014 级毕业设计.

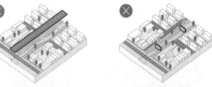

图 3-3-13　不得截断、掩埋和覆盖流动水体

资料来源：华南理工大学建筑学院城乡规划学 2014 级毕业设计.

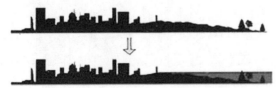

图 3-3-14　低密度区水体降温，中、高密度区增加植被降温

资料来源：华南理工大学建筑学院城乡规划学 2014 级毕业设计.

最后，为了应对极端天气的频繁出现，除了规划合理的城市水面率，城市仍需要建立地块内的调蓄水体，以优化整体抗涝能力。

5. 合理控制水系分支比

保护城市低级河道，控制水系分支比（图3-3-15）。通过蓝线分级划定减少城市低级河道填埋现象，严格把控对低级河道的开发，同时采用分散式水体的降温效应也优于集中式水体。

6. 合理的布局，提高城市水系优化效果

滨水空间布局应尽可能做到与片区整体形态吻合。设计时充分考虑片区整体形态特征，根据不同片区形态特征，有机重构水系系统，打造风格鲜明、特色明显的水景观风貌体系。同时，考虑用地的功能性质，保证用地效率高效，实现滨水用地经济的最大化（图3-3-16）；利用河道串联主体功能区，打造节点水景观。以水为纽带，实现城市各主要功能区间的串联，并结合水系打造各主要功能区的节点景观（图3-3-17）。

图3-3-15　增加水系分支比

资料来源：华南理工大学建筑学院城乡规划学2014级毕业设计.

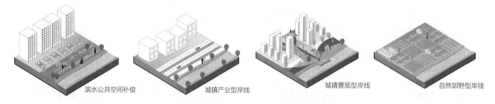

图3-3-16　滨水岸线配置

资料来源：华南理工大学建筑学院城乡规划学2014级毕业设计.

图3-3-17　形态吻合式（左）、用地协调式（中）、串联主体功能式（右）

资料来源：华南理工大学建筑学院城乡规划学2014级毕业设计.

3.3.3 实践案例

1. 首尔·ChonGae 运河修复项目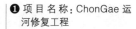

• 特殊物品的象征意义 + 不同水位标高与场地的关系

首尔运河修复项目利用特殊物品作为政治领域的象征意义，阶梯状石头元素解决了河流水位超标的问题，同时鼓励城市居民进行水边活动，丰富了空间构建元素。

项目介绍：ChonGae 运河修复项目是一个改变了韩国首尔城市肌理的城市设计，位于首尔市中心 7km 绿色走廊的重要开端，而这条走廊始于城市的中央商务区。在进行修复前，这条运河遭受了严重的污染，如今形成了一条充满活力的人行步道区域。从前的城市高速公路，如今变成充满历史记忆的 ChonGae 运河公共区域，同时具有遏制洪水和改善水质的作用（图 3-3-18）。

设计内容一：赋予的人群活动

除了环境重建的努力，这一开放空间已成为城市急切需要的城市公共景观聚集地。水质提升达到二级，意味着市民可以放心地来这条历史河流空间进行活动（图 3-3-19、图 3-3-20）。诸如传统新年节日、政治集会、时尚节目和摇滚音乐会等重要活动时，广场和水源地区以一种创新方式被重新定义。例如，游客扔进运河的硬币被收集起来，并被捐赠给当地的慈善机构。

❶ 项目名称：ChonGae 运河修复工程

项目地点：韩国首尔市中心

项目类型：城市公园

完工日期：2007 年 10 月

获奖情况：

· Honor Award for Design from the ASLA；

· Excellence on the Waterfront Honor Award from the Waterfront Center；

· Harvard University Veronica Rudge Green Prize；

· First Place International Design Competition, Seoul

图 3-3-18　项目区位图

资料来源：Mikyoung Kim Design. Cheonggye River Source Point[EB/OL]. 2017. https://myk-d.com/projects/chongae-canal-restoration/.

图 3-3-19　运河水质提升

资料来源：Mikyoung Kim Design. Cheonggye River Source Point[EB/OL]. 2017. https://myk-d.com/projects/chongae-canal-restoration/.

图 3-3-20　滨水活动空间

资料来源：Mikyoung Kim Design. Cheonggye River Source Point[EB/OL]. 2017. https：//myk-d.com/projects/chongae-canal-restoration/.

图 3-3-21　项目效果图

资料来源：Mikyoung Kim Design. Cheonggye River Source Point[EB/OL]. 2017. https：//myk-d.com/projects/chongae-canal-restoration/.

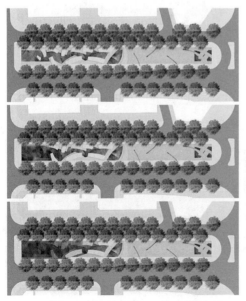

图 3-3-22　不同时间与季节的项目平面图

资料来源：SASAKI.Chicago Riverwalk[EB/OL]. 2018. https：//www.sasaki.com/projects/chicago-riverwalk/.

设计内容二：水位的标志性

设计受到不同时间与季节下水位变化的启示，解决了由于雨季的暴雨引起的灾难性洪水。独特的倾斜台阶石头元素使人们能明确看出水位高低（图 3-3-21、图 3-3-22），同时鼓励公众活动与河流产生联系。这一片区域是 7km 河道改建的先行部分，也是城市水域的伟大重建计划的第一步。自 2005 年 10 月剪彩以来，已经有不计其数的人们到访过这里。

2. 芝加哥滨河步道设计

• 从重度污染到滨河休闲，实现城市与河流的再连接

芝加哥河滨水空间设计根据六个街区的各异形态提出六个创造愿景，结合休闲的生态修复策略改善了河流水质，建立了全新的、功能齐全的联系步道系统。

芝加哥河主干有着悠久且丰富的历史，以前是一条蜿蜒的沼泽，后来被硬化改造为工程河道以支持城市向工业型转换。为了改善卫生情况，河流主干与南边分支水流的方向被倒转，在此之后，著名建筑师和城市设计师丹尼尔·伯纳姆（Daniel Burnham）提出了滨河步道与瓦克道高架桥的新愿景。近十年来，河流所扮演的角色随着芝加哥滨河项目再次转换——重拾芝加哥河的城市生态与休闲效益。

设计团队以为州街与湖街之间的六个街区创造愿景为任务（图 3-3-23），在之前的基础上，提出在湖泊与城市步行系统之间、城市中的河流支流之间建立连接的概念。挑战是需要在局限的7.6m宽的建成区扩展步行空间，并与街区间一系列桥下区域协调（图3-3-24）。除此之外，设计还需要适应河流每年的洪水涨落，竖向高差近2m。因此，团队提出新的思路，打造一个风格统一的、连续的、同时能串联一系列不同主题和用途空间的河滨步道。

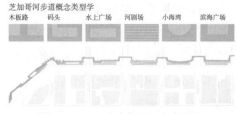

芝加哥河步道概念类型学
木板路　码头　水上广场　河剧场　小海湾　滨海广场

图 3-3-23　六个街区，六个愿景

资料来源：SASAKI.Chicago Riverwalk[EB/OL]. 2018. https：//www.sasaki.com/projects/chicago-riverwalk/.

设计内容一：全新步道系统

作为一个全新的联系步道系统，规划设计为公园游客提供不间断的步行体验。每个类型空间不同的功能与形态使它们可以提供滨河的多样体验，从餐饮、大规模公众活动，到全新划艇项目设施。同时，设计材料与细节沿整个项目提供视觉上的统一。例如，路面铺装反映了周边环境的反差：精致的切割石

图 3-3-24　近 2m 的高差

资料来源：SASAKI.Chicago Riverwalk[EB/OL]. 2018. https：//www.sasaki.com/projects/chicago-riverwalk/.

材沿袭了 Beaux-Arts Wacker 高架桥和桥楼的风格，而坚固的预制板则位于裸露的钢桥的较低位置（图3-3-25）。

图 3-3-25　活动照片

资料来源：SASAKI.Chicago Riverwalk[EB/OL]. 2018. https：//www.sasaki.com/projects/chicago-riverwalk/.

设计内容二：结合休闲的生态修复策略

打入新的板桩墙，排水并填充新建的"小岛"，为新的步道加入螺纹钢来固定结构等。为这里不断壮大的鱼类种群设计了一系列经济有效的水下环境和设施（图3-3-26）。鱼群附着于码头和水下生态系统的墙上，让这个本来荒芜的地方能够提供至关重要的庇护所、食物和栖息地来保护鱼群。根据鱼类种群的习性，在不同深度将会放置一系列设施，包括"呼啦圈方案（如表面绕上尼龙绳索，可用作遮蔽）"以及"鱼缸（沉箱和口袋）"等（图3-3-27）。

设计内容三：多种街区形态与多样活动

水广场：水景设施为孩子与家庭提供了一个在河边与水互动的机会（图3-3-28）。

码头：一系列码头与浮岛湿地花园为人们了解河流生态提供了互动的学习环境，包括钓鱼与认识本土植物的机会（图3-3-29）。

图 3-3-26 "码头"空间的植栽

资料来源：SASAKI.Chicago Riverwalk[EB/OL]. 2018. https://www.sasaki.com/projects/chicago-riverwalk/.

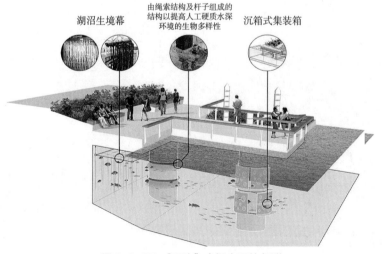

图 3-3-27 "码头"空间水下的鱼群

资料来源：SASAKI.Chicago Riverwalk[EB/OL]. 2018. https://www.sasaki.com/projects/chicago-riverwalk/.

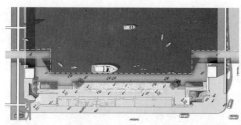

图 3-3-28　水广场

资料来源：SASAKI.Chicago Riverwalk[EB/OL]. 2018.
https://www.sasaki.com/projects/chicago-riverwalk/.

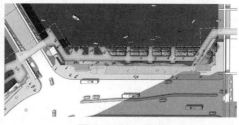

图 3-3-29　码头

资料来源：SASAKI.Chicago Riverwalk[EB/OL]. 2018.
https://www.sasaki.com/projects/chicago-riverwalk/.

码头广场：餐厅与露天座椅使人们可以观赏河流上的动态场景，包括驳船航行、消防部门巡逻、水上的士和观光船。

小河湾：租赁与存放皮划艇与独木舟，通过休闲活动将人与水真切地联系起来（图 3-3-30）。

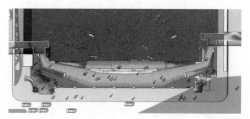

图 3-3-30　小河湾

资料来源：SASAKI.Chicago Riverwalk[EB/OL]. 2018.
https://www.sasaki.com/projects/chicago-riverwalk/.

河滨剧院：连接上瓦克和河滨的雕塑般的阶梯为人们到达河滨提供了步行联系，周边的树木提供绿色与遮阴。

3.4　历史街区

历史街区城市设计是以城市设计的思考方法服务于历史遗存保护，在尊重与拓展历史风貌的前提下起活化街区的作用。核心关注点为对已有街道空间及历史要素的保护与再利用，设计者在不破坏具有历史价值的物质空间的基础上，实现历史街区的活化。

3.4.1　概念内涵

1964 年"国际古迹遗址理事会"通过的《威尼斯宪章》中对"历史地段"的定义是："城镇中具有历史意义的大小地区，包括城镇的古老中心区或其他保存着历史风貌的地区，它们不仅可作为历史的见证，而且体现了城镇传统文化的价值"。历史街区一般具有较完整的风貌，在城市发展中有历史的典型性和代表性，能够代表城市传统的鲜明特色。其街区内建筑、街道、景观等的物质实体应该是历史遗存的原物，即使是因为年代久远稍作改动，也应该只是占一小部分。国际上备受瞩目的法国巴黎（图 3-4-1）、日本京都（图 3-4-2）、意大利罗马（图 3-4-3）等都是赫赫有名的历史城市，其历史街区的城市设计皆值得参考和借鉴。

3.4.2　设计策略

对于历史街区的保护内容，《华盛顿宪章》在空间格局与形式、建筑物与环境的关系、历史性建筑的特色保留、地段与周围环境的关系及地段的历史功能等方面作了概述，除此之外，"城市历史景观"的概念作为新的遗产理念开始得到推广，并已经有上海、都江堰等试点区域。我国对于历史街区的保护也作出了相应的规范[①]。历史街区的城市设计，应在遵守这些规范的基础上，进行历史风貌的修复与拓展。

1. 协调地段与周围环境的关系

地段与周围环境的关系包括与自然和人工环境的关系。良好的外部空间环境有助于历史文化与信息的传递，街区环境的更新也应注重本体与自然环境固有的联系，尊重与长期演变的人工环境的协调性。根据历史街区中传统的制高点构筑视线关系，配合周边山水空间关系综合出视觉景观廊道；从人眼视角切入，结合历史街区的控高要求综合出高度控制区域及相关指引；进行历史街区范围内合理的建筑高度控制，可维护传统的制高点以及维护显山露水的传统空间格局。

2. 注重两种资源的发掘与保护

深入街区实地进行调研，发掘潜在历史文化遗产资源，主要包括物质文化遗产（建筑本体、古树、古井、古道等）与保护范围内的非物质文化

图 3-4-1　法国巴黎

资料来源：新华社新闻. 俯瞰巴黎 [EB/OL].
[2023-05-18]. https://new.qq.com/rain/a/
20230518A043PU00.

图 3-4-2　日本京都

资料来源：跟着宝儿爷去旅行. 遇见日本 | 京都
下了一场雪，伏见稻荷大社便美的有点不像话！
[EB/OL]. [2018-12-30]. https://www.sohu.com/a/
285690217_454007.

图 3-4-3　意大利罗马

资料来源：马黎明. 古罗马很"现代"：技术
现代的品质之旅！[EB/OL]. [2019-05-17].
https://www.sohu.com/a/314655606_156265.

---

① 中华人民共和国住房和城乡建设部. 历史文化名城保护规划标准：GB/T 50357—2018 [S]. 北京：中国建筑工业出版社，2018.

遗产以及优秀传统文化要素（包括传统民俗、音乐、美食、文化空间、历史事件、老字号等），提出延续继承和弘扬传统文化、保护非物质文化遗产的保护要求和规划措施。基于地方志等相关文献以及访谈寻找当地历史记忆，对其进行研究鉴别和保护，有利于延续城市历史风貌。

3. 地段和街道的格局和空间形式

保护街区整体的风貌，重点在于营造与保留街区的整体原真性历史氛围。重点在保护外观，保护构成街区外观形象的各个因素，包括片区肌理（图 3-4-4）、房屋建筑、路网格局、边界区域、特色公共空间，甚至路面、河道、小桥、古树等节点标志物。例如南阳市历史城区，其主干道多数于明朝初年形成，传统街道格局及肌理保存尚为完整，传统风貌尚存。其中，解放路作为历史文化街道，曾经是南阳市屈指可数的城市主干道，如今在街道格局保护方面，相对完整地保留了原有的空间尺度和风貌。

4. 协调建筑物和绿化、附属空间的关系

《威尼斯宪章》提出"保护一座文物建筑，意味着要适当地保护一个环境。任何地方，凡传统的环境还存在，就必须保护"。平江历史街区要求普遍保护沿河的历史风貌，严格控制建筑活动，对破损、缺失部分采取镶嵌式的设计手法以达到风貌统一的目的（图 3-4-5）。

5. 修复历史性建筑的内外面貌

建筑风貌包括体量、形式、风格、材料、色彩、装饰等，具有一定的保护价值，反映了特定时间段的历史风貌和特色，即使并非历史保护建筑的传统建筑，虽然表面破旧但反映了城市过去的面貌，使城市发展历程得以延续。广州石室圣心大教堂是天主教广州教区最宏伟、最具特色的教堂；哥特式风格与岭南风格混搭的爱群大厦（图 3-4-6），至今仍是广州唯一的钢结构高层建筑，在昔日广州"十里洋江"的沿江西路，见证着广州的辉煌历史。城市的每一座历史性建筑都以其特定的意义与风格，组成这个城市的韵味，这也是城市的灵魂。

图 3-4-4　恩宁路历史街区保护规划
现状肌理分析

资料来源：华南理工大学建筑学院
城乡规划学 2012 级毕业设计.

图 3-4-5　平江历史街区

资料来源：大鹏游全国. 姑苏区旅游景点 [EB/OL].
[2022-11-16]. https://baijiahao.baidu.com/s?id=
1749612273420349107&wfr=spider&for=pc.

图 3-4-6　石室圣心大教堂（左）、爱群大厦（右）　　图 3-4-7　三学街历史文化街区

资料来源：小 bin 的一些事一些情 . 十六张空中画　　资料来源：跟我一起旅游吧 . 西安有两条"火爆"
卷，带你"飞阅"春夏之美！[EB/OL]. [2021-04-24].　的街道，人山人海酷似赶集，外地游客尤其爱去
https://www.sohu.com/a/462712251_689077.　　[EB/OL]. [2022-05-16]. https://www.sohu.com/
a/547646191_120737776.

6. 合理划定地段的历史功能和作用

通过对内部传统街区空间与建筑的保护修复，延续街区微观历史文化，以居民作为生活形态文化的载体，才能在维持历史功能和作用的前提下进一步发展。三学街历史文化街区是西安市最早确定为历史文化街区的地方，是关中民居的典型代表，也是西安府城文化、民间文化的核心代表（图 3-4-7）。但以前简单快速的改造方式，使三学街失去了原本的功能和作用，现代的产业注入也未能重新唤醒街区活力。

7. 历史街区长期维育机制构建

1）"自上而下"与"自下而上"相结合

倾听不同类型的声音，找到多方诉求的平衡点。将"加强整体保护、带动经济发展、改善居住条件"三大诉求相统一，找到三者的平衡点，需要政府、居民、文保专家与社会的合力。广州市恩宁路永庆片区（图 3-4-8）随着广州旧城更新目标的转变进入了微改造阶段，并且采用 BOT 模式进行开发（图 3-4-9）。该模式是政府与私人机构之间达成的一种协议，允许私人机构在一定时期内筹集资金建设、管理和经营，是民间资本与政府合作的一种模式，也是市场资本参与的一种形式，符合更新办法的要求[①]。

图 3-4-8　永庆坊改造前（左）、后（右）

资料来源：恩宁路历史文化街区保护规划工作汇报 [R]. 2017-02.

---

① 广州市人民政府 . 广州市城市更新"1+3"政策主要亮点解读 [Z]. 2016-11-28.

2）鼓励社区自组织更新

历史街区的保护是一项复杂的社会工程，要继续发挥街区的功能作用，强化本地居民的保护意识，使他们成为街区真正的主人。建立一个完善的社区自组织模式主要包含：要有自愿、平等、互信与合作的态度，并且得到第三方的协助；以社区发展的共同利益为动力；不断致力于社区组织的培育与壮大；围绕共同的目标集体行动；有循序渐进的活动推展；采取集体监督和社区自我管理的监督方式[①]。

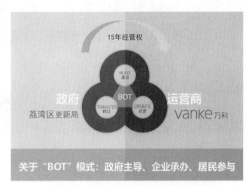

图 3-4-9 "BOT"模式

资料来源：恩宁路历史文化街区保护规划
工作汇报，2017-02.

传统的市场资本运作在为街区带来活力与商业化的同时，也可能无形中破坏了街区的原有风貌与历史氛围，原住民传统的生活方式也面临挑战。城市设计需要通过设计预留更多居民希望具有的空间而非"游客"享受的空间，方能体现设计的温度与人情味（图 3-4-10、图 3-4-11）。

图 3-4-10 上海田子坊

资料来源：飙马商业地产.如何打造具有地方文化旅游特色的商业街区？[EB/OL].[2022-08-15]. https://www.sohu.com/a/576837659_121444809.

图 3-4-11 南京夫子庙

资料来源：记忆中的旅行.江苏人气很高的一处古建筑群，是中国四大文庙之一，还是 5A 景区[EB/OL].[2019-11-17]. https://www.sohu.com/a/354298913_100248844.

3.4.3 实践案例——上海思南路历史街区

• "保护与再生"双重城市更新目标的探索

上海思南路街区保护了特色的历史空间和环境价值。通过详细的前期规划与设计、政府部门与社区居民及各界的合作，共同维护了思南路的特色风貌与城市印记（图 3-4-12）。

---

① 关斌.历史街区保护更新的自组织模式研究[D].广州：华南理工大学，2014.

图 3-4-12　思南路

资料来源：吾庐日常之美 . 策展人手记 | 诗意的回归 [EB/OL]. [2019-12-19].
https://www.sohu.com/a/361521785_99909620.

思南路街区历史文化价值被总结为：集中体现上海近代租界区住宅的建设特点与发展脉络，以生活居住为主要职能，以各种类型的居住类历史建筑为主体，具有丰富而完整的街区风貌，是集中体现老上海历史居住建筑多样性特征的特色区域[①]（图 3-4-13）。有以下经验：

1. 将价值重现作为历史街区和环境的保护目标

明确思南路历史街区的性质为：具有上海近代独特文化和历史特点的高品

图 3-4-13　思南公馆位置

资料来源：邵南，胡力骏 . 上海百年历史街区透析：上海思南路历史街区的保护与再生 [J]. 上海城市规划，2015（5）：37-42.

质的生活居住、休闲娱乐社区。这个性质明确了该街区的风貌特色以及保护与再生的双重目标[②]：

保护目标：保护与展示思南路历史街区在上海近代史上的城市建设历史特征；保护与展示思南路历史街区内各种历史建筑的建筑风格和空间特征；保存与展示中国近代革命和名人活动的历史场所。

再生目标：保护与延续思南路街区的居住功能和休闲娱乐功能；保护与整治思南路历史街区的空间环境，强化环境的生态性和文化性；提供高品质的服务和管理；形成具有辐射力的新型综合社区。

基于以上目标，思南路历史街区已成为包含了展览、酒店、餐饮、休闲、商业、居住以及办公等混合功能，为上海中心城区特别是周边社区提供了既具有地

---

① 邵甫，胡力骏 . 上海百年历史街区透析：上海思南路历史街区的保护与再生 [J]. 上海城市规划，2015（5）：37-42.

② 上海同济城市规划设计研究院，国家历史文化名城研究中心，上海市卢湾区城市规划管理局，上海永业集团 . 上海市思南路花园住宅区保护与整治规划（2002）[Z]. 2002.

方历史文化特色又符合现代人生活需求的城市公共空间。

2.利用综合保护的方法落实规划设计措施

思南路运用"政府扶持、企业运作、市民参与"的模式，在保护更新中实现了文化、环境、社会和经济效应，主要反映在以下几点。

1）在环境层面保护了公共利益

在对街区整体环境进行保护的基础上，保留了低层、低密度、高绿化

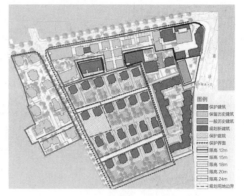

图 3-4-14　控制性层面总平面图

资料来源：邵南，胡力骏.上海百年历史街区透析：上海思南路历史街区的保护与再生 [J].上海城市规划，2015（5）：37-42.

率的公共空间，强化了地区的文化特征，即使是这些空间存在于上海市的中心区位（图 3-4-14）。

2）以新方法保护老环境

用现代手法在老建筑周边设计活泼的步行空间，利用现代建筑材质在建筑修复方面植入简洁活泼的风格。

3）采用专业技术进行历史建筑的科学修缮和再利用

对建筑立面、结构体系、平面、基础和装饰等方面进行病理分析；采用样板试验方法检测修复技术的科学性、艺术性；采用现场试验的方法对修缮技术作最终确定。这些技术使得建筑在已有其他职能的基础上，仍然保持历史韵味，实现对历史风貌的再现（图 3-4-15）。

4）进行广泛的居民调查和听证

了解不同阶段居民的诉求与建议，鼓励居民参加到历史街区保护的实践中，真正发挥街区主人的作用，实现历史街区活力的再激发。

图 3-4-15　改造后的街区景观图

资料来源：云南民家.上海一日游的新玩法 从新天地到田子坊 [EB/OL]. [2018-08-09].
http://k.sina.com.cn/article_6402798006_17da2f1b600100lbkp.html.

3.5 工业遗址

工业遗址见证了工业经济对人类发展的推进作用，其城市设计可以帮助保护历史资源与城市特色，避免因为城市建设而破坏了文化资源。工业遗址设计的核心点在于"保留精髓、延展价值、可持续发展"，保持城市历史印记并随社会变化而持续发挥作用。

3.5.1 概念内涵

《下塔吉尔宪章》中对工业遗产的理论定义体现了国际社会的共识："凡为工业活动所建造的建筑与结构，包括其工艺和工具及与周围环境形成的景观结构，均具备重要的意义"。

一般而言，"工业遗址"可以分为两部分理解，一是"工业"，是原料采集与产品加工制造的产业或工程；二是"遗址"，是具有突出普遍价值的人类工程或自然与人联合工程以及考古地址等地方。因此，"工业遗址"可以被理解为人类进行工业活动并有审美及历史价值的遗迹，一般会有工业活动的残留物，如建筑、采石场、码头等。工业遗址还应该具有人类历史、科学技术、文化方面的存留利用价值（图 3-5-1、图 3-5-2）。

图 3-5-1　意大利都灵工业遗址改建公园

资料来源：Latz + Partner. TURI [EB/OL]. 2023. https：//www.latzundpartner.de/en/projekte/postindustrielle-landschaften/parco-dora-turin-it/.

3.5.2 设计策略

1. 文化活力再现

工业遗址体现的工业文明与产业文化，应随时代变迁而传承[①]。首先是保护和发掘场地的原有文化。特定时代的工业遗址反映了当时的建筑文化、机器设备、生产方式等，是人类在某一时期社会发展的智慧体现。对于实体物质及无

图 3-5-2　英国铁桥峡谷

资料来源：旋上升的路 . 世界之最——世界第一座铁桥和第一座钢筋混凝土桥 [EB/OL].[2019-08-08]. https：//www.163.com/dy/article/EM2669U10517OPDQ.html.

---

① 杨震宇 . 工业遗址改造中的景观设计研究 [D]. 北京：北京林业大学，2016.

形的精神遗存要尽可能地保护，使这些无形遗存能够被重新解读与认知。其次，应提升文化多样性，多种文化相互结合与触碰。第三，增加文化的生产力，通过以文化产业置换工业产业的措施，用文化的生产带动工业遗址的产业发展。

2. 产业活力再造

盘活场地，引进技术、资金密集型产业。建立复合型经济发展模式，形成商业、居住、办公、文化、旅游、公共开放空间等复合使用功能，吸引不同的消费群体和生产企业。

3. 物质环境更新

这是工业遗址改造中最为重要的一部分，是社会、文化、经济改造的综合结果及可视化反映。首先，强调土地功能的合理布局，调整使用功能，实现高效集约的利用。其次，注意空间环境的风貌营造，塑造与工业环境和特色相符合的空间环境，保护场地原有的工业建筑及设备，再进行二次利用。第三，对于场地内的基础设施进行再提升，完善交通网络及公共联系，规划合理的建筑布局、人车流线；建立完善的排水、给水、煤气、电力、电信、光纤网络等市政基础设施（图 3-5-3、图 3-5-4）。

3.5.3 实践案例

1. 北杜伊斯堡景观公园 ❶

● **工业空间转化为公园景观**

北杜伊斯堡景观公园（Landschaftspark Duisburg-Nord）是德国北杜伊斯堡的一个大型工业旅游主题公园。设计者将原有工业生产所塑造的肌理进行整合、重塑和发展，在四个景观层面上将工业空间与生态绿地连接起来，每个独立的遗址空间又有独特的用途（图 3-5-5）。

❶ 项目名称：德国北杜伊斯堡景观公园景观设计

项目地点：德国

设计公司：Latz、Partner

所获奖项：2009 年绿色好设计、2005 年 EDRA 空间设计奖、2004 年休闲娱乐场所设计奖、2001 年城市规划伟大勋章、2000 年 Rosa Barba 欧洲景观设计一等奖

图 3-5-3 中山岐江公园

资料来源：隐盏文化. 爬山太危险，咱们公园见——工业遗迹改造大 PK [EB/OL]. [2020-10-02]. https://www.sohu.com/a/422243512_120791550.

图 3-5-4 北京 798 艺术区

资料来源：搜狐文化. 包豪斯百年：从包豪斯到我们的 House [EB/OL]. [2019-12-17]. https://m.sohu.com/a/360740092_120005162.

图 3-5-5　卫星图

（a）1989 年：炼铁厂最后一个高炉停产；（b）2000 年：第一轮规划改造范围；（c）2012 年：公园建成卫星图

资料来源：Latz + Partner. NODU [EB/OL]. 2023. https：//www.latzundpartner.de/en/projekte/postindustrielle-landschaften/landschaftspark-duisburg-nord-de/.

公园占地约 200hm²，原址是炼钢厂和煤矿及钢铁工业，工厂导致周边地区严重污染，于 1985 年废弃。1991 年，由德国景观设计师彼得·拉茨与合伙人改造成景观公园。

一层景观：铁路公园中的高架和铁轨系统成为公园最高层，不仅作为景区内散步通道，还建立了城市各个市区的联系（图 3-5-6）。虽然各个系统独立运行着，但是通过特殊的视线、功能或意象的连接元素完成交互。二层景观：在公园的底层上是水景观层，利用以前的废水排放渠收集雨水，引至工厂中原有的冷却槽和沉淀池，经澄清过滤后流入埃姆舍河（图 3-5-7）。三层景观：各式各样的桥梁与步道一起构成了道路系统层面（图 3-5-8）。四层景观：功能各异的使用区与公园独自构成子项目，游客可以体验不同特点的工业景观。

图 3-5-6　园区平面图

资料来源：Latz + Partner. NODU [EB/OL]. 2023. https：//www.latzundpartner.de/en/projekte/postindustrielle-landschaften/landschaftspark-duisburg-nord-de/.

图 3-5-7　园区局部图（1）

资料来源：Latz + Partner. NODU [EB/OL]. 2023. https：//www.latzundpartner.de/en/projekte/postindustrielle-landschaften/landschaftspark-duisburg-nord-de/.

图 3-5-8　园区局部图（2）

资料来源：Latz + Partner. NODU [EB/OL]. 2023. https：//www.latzundpartner.de/en/projekte/postindustrielle-landschaften/landschaftspark-duisburg-nord-de/.

该工业改造整体项目涵盖6个分区子项目，其中包括高炉园、熔渣园、水公园、铁道园、冒险乐园以及矿仓展廊。分区子项目作为公园的重要节点，皆基于原有工业遗存而重新进行设计提升，使老旧的工业遗产重新焕发时代活力与生机。

子项目一：高炉园（图3-5-9）

代表性场所金属广场，象征着从原有的坚硬粗糙的工业结构向开放性公园的转变。广场上铺设着的铁板曾用作锰矿石浇铸的浇铸床，如今成了公园的心脏。

子项目二：熔渣园（图3-5-10）

烧结车间的原址因受污染不得不拆除，后期利用车间、废弃的高架铁路和高空步道形成了熔渣园，作为举办大型节日活动的场所。

子项目三：水公园（图3-5-11）

自东向西横穿园区的开放式污水渠"老埃姆舍"，设计为一条清澈的水渠，雨水直接排入其中。从建筑物、矿仓和冷却池流出的水通过它排入地下管道，利用风力驱动装置进行水体的运输和净化。

子项目四：铁道园（图3-5-12）

年久失修的铁轨串联起城市的生活和工作片区，利用从旧钢铁桥回收的材料建成了高空步道，提供给游客一种全新而独特的游览方式。

子项目五：冒险乐园（图3-5-13）

各个游乐场所覆盖了整个公园，儿童和青少年活动空间、攀岩设施、运动和游乐场地等构成了一座庞大且安全的游乐场。

子项目六：矿仓展廊（图3-5-14）

通过步道和栈桥逐一穿过厚实的墙壁上的门洞，带领游客参观迷宫式的建筑群，为未来展廊参观提供新的尝试方式。

图3-5-9 方形广场铁铸件的自然腐蚀过程

资料来源：Latz + Partner. NODU [EB/OL]. 2023. https://www.latzundpartner.de/en/projekte/postindustrielle-landschaften/landschaftspark-duisburg-nord-de/.

图3-5-10 改造后的熔渣园

资料来源：Latz + Partner. NODU [EB/OL]. 2023. https://www.latzundpartner.de/en/projekte/postindustrielle-landschaften/landschaftspark-duisburg-nord-de/.

图 3-5-11　清洁的埃姆舍渠道

资料来源：Latz + Partner. NODU [EB/OL]. 2023. https：//
www.latzundpartner.de/en/projekte/postindustrielle-
landschaften/landschaftspark-duisburg-nord-de/.

图 3-5-12　改造后总长约 300m 的
空中景观步道系统

资料来源：Latz + Partner. NODU [EB/OL]. 2023. https：//
www.latzundpartner.de/en/projekte/postindustrielle-
landschaften/landschaftspark-duisburg-nord-de/.

图 3-5-13　攀岩过程中可通过穿墙而过的
滑梯"下坡滑行"

资料来源：Latz + Partner. NODU [EB/OL]. 2023. https：//
www.latzundpartner.de/en/projekte/postindustrielle-
landschaften/landschaftspark-duisburg-nord-de/.

图 3-5-14　铁轨高架桥穿梭于矿仓的
水泥隔间之间

资料来源：Latz + Partner. NODU [EB/OL]. 2023. https：//
www.latzundpartner.de/en/projekte/postindustrielle-
landschaften/landschaftspark-duisburg-nord-de/.

2. 巴黎 18 区 Rosa Luxembourg 公园 ❶

• 从破败的工业遗址到活力十足的连续公园空间

❶ 竞争：获奖项目

研究日期：2007 年

完工日期：2013 年

面积：9500m²

　　Rosa Luxemburg 公园设计者将废弃货运仓库改为不受天气影响的公共空间，利用高差处理形成活跃的活动区域，结合生态技术与植被营造手段打造可持续利用的景观空间。坐落于巴黎 18 区的 Rosa Luxemburg 公园沿着 Gare de l'Est 铁路向南北延伸，形成了一个细长而连续的公园空间（图 3-5-15）。公园分为南北两个部分，南侧公园半掩于由货运仓库改建而来的商业中心的玻璃顶棚之下，形成了一片不受风雨影响的公共空间（图 3-5-16、图 3-5-17）。

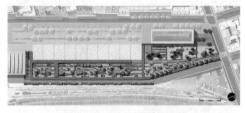

图 3-5-15　方案平面图

资料来源：in situ. PARIS 18ÈME LE JARDIN ROSA LUXEMBURG [EB/OL]. 2023. https：//www.in-situ.fr/#/fr/projets/tous/zac-pajol.

图 3-5-16　玻璃顶棚之下不受风雨
影响的公共空间

资料来源：in situ. PARIS 18ÈME LE
JARDIN ROSA LUXEMBURG [EB/OL].
2023. https：//www.in-situ.
fr/#/fr/projets/tous/zac-pajol.

图 3-5-17　玻璃顶棚空间改造前（左）、后（右）

资料来源：in situ. PARIS 18ÈME LE JARDIN ROSA LUXEMBURG
[EB/OL]. 2023. https：//www.in-situ.fr/#/fr/projets/tous/zac-pajol.

设计内容一：公共空间的联系

由法国建筑师 Françoise-Hélène Jourda 所设计，层层叠落的台地中错落地布置着成排的座椅、草坪以及游戏空间。台地之上，是星星点点的欧洲赤松，而在南北向延伸的小路旁则是整齐排列的白蜡树。狭长的小路如同铁道一般，串联起玻璃顶棚以及图书馆下方的空间（图 3-5-18、图 3-5-19）。

图 3-5-18　小路旁整齐排列的白蜡树

资料来源：in situ. PARIS 18ÈME LE JARDIN ROSA
LUXEMBURG [EB/OL]. 2023. https：//www.in-situ.
fr/#/fr/projets/tous/zac-pajol.

图 3-5-19　巨大金属框架之下的公园空间

资料来源：in situ. PARIS 18ÈME LE JARDIN ROSA
LUXEMBURG [EB/OL]. 2023. https：//www.in-situ.
fr/#/fr/projets/tous/zac-pajol.

设计内容二：高差的处理形成活动区域

层层叠落的台地中错落地布置着成排的座椅、草坪以及游戏空间（图 3-5-20）。

设计内容三：科技的利用＋生态理念

在南侧，巨大的金属框架之上，镶嵌着一块块太阳能板，而花园也摇身一变，成为一个巨大的光伏电站。如同旧日铁轨般交错纵横的小路两旁，是低矮的地被植物，茂盛的鲜花以及纵向延伸的池塘。屋顶收集的雨

图 3-5-20　台地、座椅及游戏空间

资料来源：in situ. PARIS 18ÈME LE JARDIN
ROSA LUXEMBURG [EB/OL]. 2023. https：//
www.in-situ.fr/#/fr/projets/tous/zac-pajol.

图 3-5-21　地被植物、茂盛的鲜花以及纵向
延伸的池塘

资料来源：in situ. PARIS 18ÈME LE JARDIN ROSA
LUXEMBURG [EB/OL]. 2023. https：//www.in-situ.
fr/#/fr/projets/tous/zac-pajol.

图 3-5-22　森林下层空间的郁郁葱葱

资料来源：in situ. PARIS 18ÈME LE JARDIN ROSA
LUXEMBURG [EB/OL]. 2023. https：//www.in-situ.
fr/#/fr/projets/tous/zac-pajol.

图 3-5-23　露天公园改造前（左）、后（右）

资料来源：in situ. PARIS 18ÈME LE JARDIN ROSA LUXEMBURG [EB/OL]. 2023. https：//www.in-situ.
fr/#/fr/projets/tous/zac-pajol.

水被二次利用，灌溉着顶棚之下的植被，而多余的雨水则被暂时储存在池塘之中，形成了一个个水生花园（图 3-5-21）。

设计内容四：植被的营造及处理手法

地被、藤蔓以及灌木植物交错而立，在工业遗址金属框架笼罩下营造出如同森林下层空间般的郁郁葱葱（图 3-5-22），一个沿着铁路蔓延、宁静而平和的绿洲空间。而在空间的边缘，是两个小小的花园空间，低矮的植被让公园与铁路空间在视线上相互连接（图 3-5-23），快速穿梭的彩色列车给漫步其中的人们带来一些活力与速度感（图 3-5-24）。

图 3-5-24　穿梭的列车给人们
带来活力与速度感

资料来源：in situ. PARIS 18ÈME LE JARDIN
ROSA LUXEMBURG [EB/OL]. 2023. https：//
www.in-situ. fr/#/fr/projets/tous/zac-pajol.

3.6 创意产业园

创意产业园作为城市更新的重要组成部分，有着创造产业集群和提升产业价值的作用，其城市设计要做到对城市历史的延续、创意产业的提升、时尚生活的注入及环境空间的艺术性设计。核心关注点在于创造合理空间实现文化生活与艺术空间的综合，平衡人的个体行为与建筑空间、环境和其他人群之间的需求，是对人的生活方式的再引导（图 3-6-1~ 图 3-6-3）。

图 3-6-1　广州红砖厂

资料来源：走大路去旅行. 广州不止繁华，来这些文艺地点打卡，全是文艺青年的圣地 [EB/OL]. [2019-04-13]. https：//baijiahao.baidu.com/s?id=1630693198026921104&wfr=spider&for=pc.

图 3-6-2　北京 798 艺术区

资料来源：弃流说历史. 北京朝阳：旧时的东郊、工业基地，现在则时尚、前卫得熠熠生辉 [EB/OL]. [2023-02-03]. https://www.sohu.com/a/636981791_121608685.

图 3-6-3　深圳华侨城

资料来源：深圳特区报. 华侨城创意文化园迎来 15 周年，文创大咖畅谈文化场域 [EB/OL]. [2021-05-30]. http：//k.sina.com.cn/article_1893278624_70d923a002000tvkw.html.

3.6.1　概念内涵

产业园区的概念兴起于第二次世界大战以后，最早由美国斯坦福大学校长特曼（Frederick Terman）提出[1]。波特（Poter）[2]认为，园区的本质是生产要素和产业资源在特定空间内的集聚，而同类及相关企业机构在一个特定空间内的集聚，则会形成一个产业集群。产业园区通过规模效应，集中了大量的相关企业，对于资金、人才形成巨大的吸引力，汇集了各种要素，往往能够发挥产业集聚的优势[1]。产业园区一般为促进产业尤其是高新技术产业或战略性新兴产业等而建设，是区

① 郑耀宗. 文化创意产业园区的自组织演化研究理论模型与上海实证 [D]. 上海：上海社会科学院，2015.

② MICHAEL E P. Clusters and the new economics of competition[J]. Harvard business review，1998（6）：77-90.

域经济发展、产业升级转型的重要空间载体，具有产业、资金、技术、科研、人才等资源高度集聚的特点[①]。产业园区能够有效地创造聚集力，通过共享资源、克服外部负效应，带动关联产业的发展，从而有效地推动产业集群的形成。最常见的类型有：经济开发区、物流园区、高新技术园区、文化创意产业园区、总部基地、生态农业园区等。

上海市政府在《上海创意产业集聚区建设管理规范》中，提出了创意产业园区的内涵解释：依托先进制造业、现代服务业，利用工业等历史建筑为载体，以原创设计为核心，所形成的研发设计创意、建筑设计创意、文化传媒创意、咨询策划创意、时尚消费创意等功能区域。同时它也是创意企业、创意工作室、创意设计人员实施交流、互动、集聚的场所和各种创意作品展示、交易的平台；也是拥有较为完善的公共设施、社会网络和管理系统，以密集的创造性智力劳动为主，与国际信息、科技、市场接轨，具有充分活力和现代化的开放社区[②]。

根据使用功能不同，产业园区可以划分为三类[②]。

1. 创作型创意产业园

这类园区的主要服务对象是专业或业余的各领域的"创作者"，为他们提供创作、展示和交流的场所。例如位于深圳布吉的大芬村，是中国最大的商品油画生产和交易基地之一，是全球重要的油画交易集散地，油画产业的集聚也为深圳聚集了一批美术专业人才（图 3-6-4）。

2. 消费型创意产业园

这类园区主要为创作者和观赏者提供交流的平台，即通过营造设计消费性空间，进一步让消费者体验消费文化。它的主要服务对象是一般观众和文化消费者。它以营造文化消费环境为主要目的，既是一般市民的文化消费场所，如画廊书店，又是可以展示创意产业实力的民俗文化园区。例如位于北京朝阳区的高碑店传统文化创意产业园区，以古典家具和民俗文化为主导（图 3-6-5）。

3. 复合型创意产业园

此类园区结合了创作型创意产业园区和消费型创意产业园区的功能。它强调创作、教育和商业的综合发展。大多

图 3-6-4　深圳布吉大芬村

资料来源：哈尼. 深圳这座城中村绝美，处处都是油画，是公认的"山寨艺术王国" [EB/OL]. [2022-08-04]. https://baijiahao.baidu.com/s?id=17402002 29305981622&wfr=spider&for=pc.

①　宋思远. 杭州城西科创大走廊互联网新兴产业园区空间形态研究 [D]. 杭州：浙江大学，2018.

②　郭洋. 上海创意产业园建成环境的使用后评价研究 [D]. 上海：上海交通大学，2011.

图 3-6-5 千年古村高碑店

资料来源：探旅．高碑店村，距离天安门最近的村，相隔 8 公里 [EB/OL]. [2018-05-26]. https：//m.sohu.com/a/232961041_477856?_f=m-article_30_feeds_13.

图 3-6-6 CIP 中的昆士兰理工大学

资料来源：佚名．留学攻略—昆士兰科技大学建筑专业 [EB/OL]. [2019-08-10]. https：//www.sohu.com/a/332805373_120046845.

数创意产业园都属于此类型。例如，广州红砖厂、太古仓、T.I.T 和 1850 产业园等都是这种模式的典型和先行者。澳洲昆士兰 CIP 产业园，目前发展成集教育培训、研发中心、产业中心等功能于一体的创意产业园，这也是第一个由政府与教育界共同为发展创意产业而合作的项目（图 3-6-6）。

3.6.2 设计策略

创意产业园的规划设计策略与工业遗址再利用的策略相仿，传承地域文化是其重点。除此之外，整体性、开放性、不定性与主题性等原则，可为该类园区创造出独特的活力。

整体性原则：产业园区的空间应看作是城市整体空间的一部分，要遵守三个基本原则：可达性、协调性、多样性。可达性是为了促进公共空间各要素之间尺度的联系整合度，达到步行交通的尺度可达[①]。协调性是为了保证产业园区各要素在视觉风格上的协调（图 3-6-7），形成舒适的视觉界面观感。多样性是为了打造更有趣味的多样化的公共空间，以便承载种类更多的人群活动。

开放性原则：场所只有足够开放，才能吸引具有创意思想的阶层介入。它在设计中包括行为上的开放性和形式上的开放性[②]。公共空间应该随时可以进入并且被使用（图 3-6-8）。形式上的开放性主要从建筑本身考虑，空间的设计应该做到足够具有吸引力，通过空间自身的形式、色彩、材质，能营造一个舒适的体验环境。

---

① 黄健文．旧城改造中公共空间的整合与营造 [D]. 广州：华南理工大学，2011.

② 张爱萍．创意产业园的公共空间设计研究 [D]. 上海：同济大学，2008.

图 3-6-7 西子智慧产业园

资料来源：goa 大象设计 . Xizi Wisdom Industrial Park [EB/OL]. 2023. http：//www.goa.com.cn/project/xizi-wisdom-industrial-park?ptype=7.

图 3-6-8 华鑫天地产业园

资料来源：Ferrier Marchetti studio. [EB/OL]. 2023. https：//ferriermarchetti.studio/.

不定性原则：由创意产业园容纳活动的多样性和个体行为的不定性所决定。同一空间在一天的各时段承载的活动类型不同，个体活动差异也具有不确定性，随着年龄、阶层、职业等的不同，对于同一空间的使用方式也存在差异。空间的不定性原则恰巧满足这一令人模糊的要求，也带来了更大的弹性空间（图 3-6-9）。

主题性原则：是由创意产业园区发展定位决定的。各个主题的创意产业园都有能反映其特质的公共空间，设计中明确了空间的主题（图 3-6-10），才能吸引同类产业入驻，形成良好的产业链。自身特色的扩大也有利于在同类型的产业园区中形成自身独特的魅力[①]。

图 3-6-9 苏州工业园区人工智能产业园

资料来源：FTA 建筑设计 . 苏州工业园区人工智能产业园 [EB/OL]. 2023. http：//www.ftaarch.com/p-info.html?i=1016&c=2.

图 3-6-10 北京 UCP 恒通国际创新园

资料来源：方寸实践 . 北京 UCP 恒通国际创新园 [EB/OL]. 2023. http：//www.bjscun.com/design/14.html.

---

① 张爱萍 . 创意产业园的公共空间设计研究 [D]. 上海：同济大学，2008.

3.6.3　实践案例——阿里巴巴西溪园区 ❶

• 建筑景观融合（城市—建筑—景观，层层递进式布局）

阿里巴巴西溪园区在空间上采取半包围形态，功能布局依据城市—建筑—景观布局方式与环境契合，采用人车混行与内部步行道路构成分离式道路系统，开放空间与绿化环境相得益彰，既不冲突也相互联系。

❶ 空间尺度：微观层面产业园设计

项目定位：办公类产业空间

位置：杭州市余杭区文一西路 969 号，杭州未来科技城核心区域五常街道

占地面积：26 万 m²

西溪园区是阿里巴巴集团总部所在地（图 3-6-11），规划总占地 26 万 m²，一期项目由 8 幢单体建筑和 2 幢停车楼组成，包括了员工主办公区、食堂、健身房、报告厅和影视放映厅等日常办公休闲的基础设施，总建筑面积约 29 万 m²，其主建筑体的设计由日本设计大师隈研吾担任。

周边环境（园区与周边社区关系）：园区周边社区以居住功能为主。其东、西、南三侧均分布较多住宅小区；园区正南方向为阿里巴巴西溪园区三期及西溪联合科技广场以及赛银国际广场等商务办公园区；园区北侧为浙江理工大学；园区西北侧为海创园首期、二期等产业园区与省委党校。

设计内容一：空间形态

阿里巴巴西溪园区主体建筑呈半包围空间形态，与园区内湿地水系"咬合"在一起，形成尺度较大且互相呼应的建筑景观体系。园区办公建筑主要以八栋独立办公建筑为体块基础，采用连接等体块处理与衔接手法，将园区内的办公建筑连接为一个整体，并在整体建筑中通过挖洞、抬升等形成丰富的院落、阳台、过廊、架空空间，丰富整个园区的空间体验。

设计内容二：功能布局

园区整体功能布局分为北部办公区、中部湿地景观区和南部景观区以及停车场等附属区（图 3-6-12）。从区位上来看，阿里巴巴西溪园区的北面是城市道路，而南

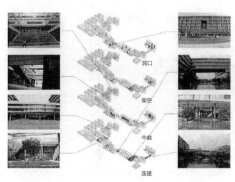

图 3-6-11　阿里巴巴西溪园区建筑特色分析
资料来源：宋思远 . 杭州城西科创大走廊互联网新兴产业园区空间形态研究 [D]. 杭州：浙江大学，2018.

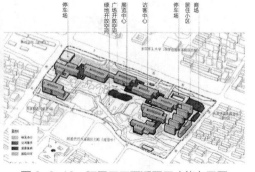

图 3-6-12　阿里巴巴西溪园区功能布局图
资料来源：宋思远 . 杭州城西科创大走廊互联网新兴产业园区空间形态研究 [D]. 杭州：浙江大学，2018.

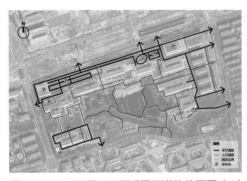 

图 3-6-13　阿里巴巴西溪园区道路范围图（1）
资料来源：宋思远 . 杭州城西科创大走廊互联网新
　　　兴产业园区空间形态研究 [D]. 杭州：
　　　浙江大学，2018.

图 3-6-14　阿里巴巴西溪园区道路范围图（2）
资料来源：宋思远 . 杭州城西科创大走廊互联网新
　　　兴产业园区空间形态研究 [D]. 杭州：
　　　浙江大学，2018.

图 3-6-15　阿里巴巴西溪园区绿化布局图
资料来源：宋思远 . 杭州城西科创大走廊互联网新兴产业园区空间形态研究 [D]. 杭州：浙江大学，2018.

图 3-6-16　阿里巴巴西溪园区绿化（1）
资料来源：北京吃货小分队 . 揭秘阿里巴巴总部
　　　食堂，吃完好剁手 [EB/OL]. [2018-04-21].
http：//k.sina.com.cn/article_2130952741_7f03c225019
006h1f.html?from=food.

图 3-6-17　阿里巴巴西溪园区绿化（2）
资料来源：赵子坤 . 阿里"滚动式"裁员
[EB/OL]. [2022-05-20]. http：//finance.sina.com.cn/
tech/2022-05-20/doc-imcwipik0922225.shtml.

面邻接着延伸过来的湿地，因此该设计从北向南，有着"城市—建筑—景观"的分层递进。每组建筑由2个条状办公空间夹持中间的庭院构成一个单元，这种水平的、开放的、连续的形态也为阿里巴巴的扁平化管理架构理念提供了有效的形态支撑。

设计内容三：道路系统

园区道路主要分为人车混行道路与园区内部步行道路两种类型。车辆均集中停放于园区四周的立体停车场与地下停车场中，内部融合了大面积湿地景观与硬质铺地，营造成良好的步行开放空间，这使得园区道路结构呈现人车混行道路与纯步行道路完全分离的结构形式（图3-6-13、图3-6-14）。

设计内容四：开放空间与绿地系统

园区中心空间完整地保留了原有的湿地、河塘、沼泽地、竹林、农田、古桥等，形成了巨大的开放空间，野趣横生的氛围使得办公变得非常有趣与舒适。整个园区的绿化系统布局呈现"对话式"格局，即在理性的园区和感性的湿地之间有着一条明显的分界线，两者进行相互之间的"对话"又互不侵犯。在建筑周边设计了连续、集中的活动平台，空间都比较大；而湿地环境中分布着较为狭长、流动性的活动堤坝，满足幽静私密的氛围需求（图3-6-15~图3-6-17）。

3.7 地下空间

地下空间是对城市空间在垂直方向上的重要补充，多为城市地下防空、交通运输及商业使用。主要通过流线引导和功能组织，最大效率地发挥城市地下空间的使用价值和经济价值。在设计中除了要注重工程技术安全，还要关注人流组织与多样化功能之间的组合。

3.7.1 概念内涵

城市地下空间（Urban Underground Space）（图3-7-1），是指城市规划区内地表以下的空间[1]。其功能涵盖地下轨道空间、地下道路空间、地下公共服务设施空间、地下停车场库、地下人防设施、地下市政管廊及共同沟等多种地下建（构）筑物组成的综合体系[2]（图3-7-2、图3-7-3）。

3.7.2 设计策略

地下空间的设计策略与其空间组织结构紧密关联，主要有三种类型。

[1] 《城市地下空间开发利用管理规定》（1997年10月27日建设部令第58号发布），2001年11月20日根据建设部《关于修改〈城市地下空间开发利用管理规定〉的决定》修正。

[2] 广东省建设厅.城市地下空间开发利用规划与设计技术规程：DBJ/T 15-64-2009[S].北京：中国建筑工业出版社，2009.

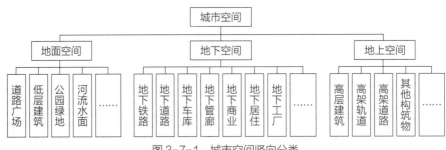

图 3-7-1 城市空间竖向分类

资料来源：陈立道，曹炽康 . 城市地下空间规划理论与实践 [M]. 上海：同济大学出版社，1997：12.

图 3-7-2 地下商业街示意图

资料来源：城市原创 . 华南首家微信支付旗舰商城落户时尚天河逛街送奔驰 [EB/OL]. [2016-08-02]. http://mt.sohu.com/20160802/n462187929.shtml.

图 3-7-3 地下空间开发示意图

资料来源：城市原创 . 华南首家微信支付旗舰商城落户时尚天河逛街送奔驰 [EB/OL]. [2016-08-02]. http://mt.sohu.com/20160802/n462187929.shtml.

1. 环形联结模式

环形联结指将地下环廊作为沟通地下空间的主要环节，将公共环廊系统与地下各部分空间联系起来，通过循环串联各部分组团的地下空间形成内部系统。环形联结模式中，各地块的地下空间通过公共部分形成系统，中心部分是一个核心公共地下空间（图 3-7-4）。

环形地下公共空间的主要特征在于其具有多个不同主导功能的单元作相互补充；对应地区步行系统，建设地铁网，使得城市范围内主导交通系统与外界进行有效转换。"环形联结"是较小范围内高强度开发的城市模式，其讲求集散效率，一般表现为较密的地铁网和较小的地下步行系统，建筑物与地铁站之间距离更短，联系更密切，通过地铁车站与高层建筑群体下部结合，最大限度地缩短了从轨道站点到商务楼宇的步行距离。在这一方式中，地面建筑的高层化是其显著特征。

2. 脊轴带动模式

"脊轴带动"是城市空间立体化的一种常规方式，地下空间以地下商业街或者轨道枢纽的线型结构为发展轴，引导地下空间沿发展轴脊状发展，建设依托主导轴线的地下空间序列中心。当城市地下空间的开发沿发展轴滚动时，其综合效益

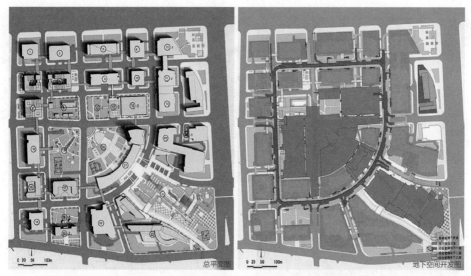

图 3-7-4 中关村西区中心环廊及周边地下空间规划

资料来源：万汉斌 . 城市高密度地区地下空间开发策略研究 [D]. 天津：天津大学，2013.

最高，发展速度最快。地下空间的脊轴发展可分为两部分，第一部分是脊轴，表现为以地下公共步行街为主干，一条或多条地下空间轴带。另一部分是由脊轴两侧带动开发地区，往往是城市两侧开发的重要建筑与建筑群，以商业开发地块的形式形成联系脊轴的横向伸展部分，在平面形态上形成轴向带动的形态。

巴黎德方斯区规划注意利用城市空间，通过开辟多平面的交通系统，严格实行人车分流的原则：车辆全部在地下三层的交通道行驶，地面全作步行交通之用（图 3-7-5）。在区的中心部位建造了一个巨大的人工平台，有步行道、花园和人工湖等，不仅满足了步行交通的需要，而且提供了游憩娱乐的空间。

这种模式一般具有以下特征：通过道路下的公共空间连接区内各建筑与地铁车站，到达其他用地无需穿越相邻用地；中间一般为公共通道，两侧为商业，公共通道一般全天开放。

3. 枝状生长模式

这种模式将连通与共同发展作为地下空间的主要发展手段。

蒙特利尔建成的由地铁和步行通道构成的地下系统，为市民提供了安全保护与生活便利。政府部门在地铁兴建之初采取了两大颇有远见的措施：第一，将新规划轨道线路布置在次要街道之下，而非主要街道之下，

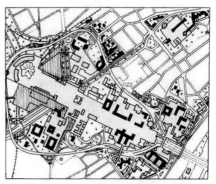

图例 🔲架空步行道 🔲住宅 ■行政办公机构
🔲商业服务设施 ┅┅铁路 🔲绿地

图 3-7-5 巴黎德方斯区平面示意图

资料来源：万汉斌 . 城市高密度地区地下空间开发策略研究 [D]. 天津：天津大学，2013.

图 3-7-6　澳大利亚圣詹姆斯广场

资料来源：ASPECT Studios. St. James Plaza [EB/OL]. 2023.
https：//www.aspect-studios.com/projects/st-james-plaza.

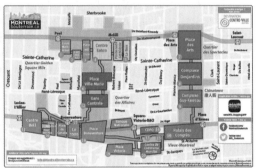

图 3-7-7　蒙特利尔地下城

资料来源：阳仔爱旅游 . 世界那么大，旅行为何要去加拿大？ [EB/OL]. [2019-02-28]. https：//www.163.com/dy/article/E93U3FQD05444AKP.html.

图 3-7-8　蒙特利尔地下城平面图

资料来源：Montréal Underground City[EB/OL], 2023.
https：//montrealundergroundcity.com/.

带动次要街道地块开始发展，强化核心片区空间形态的引导；第二，政府将线路上方的地块长期出租。此举不仅保证了城市形态的紧凑，而且保障了政府对城市中心区指定范围内开发建设行为的掌控能力。

　　蒙特利尔政府利用对这些空间的控制权确保地下空间之间的连接。通过制定地下空间开发方案，引导地下空间的主导性质和二级以下功能，明确建筑标高、容积率、连通要求、街道出入口等。下沉广场规模更大，它不仅具有明显的方位感，而且充分满足了交通、购物和休闲娱乐的功能，使得地下空间成为一个更大的市民活动场所，形成向地面空间的自然过渡，减少了封闭感和压迫感（图 3-7-6~ 图 3-7-8）。

3.7.3　实践案例

1. 伦敦金丝雀码头 ❶（图 3-7-9、图 3-7-10）

● 创造地下空间，实现空间效率

金丝雀码头城市设计的要素包含建筑空间、地上开放空间、地下空间、交通要素、自然要素

❶ 空间尺度：微观层面城市商业开发设计

项目定位：办公类产业空间

位置：坐落于伦敦狗岛的陶尔哈姆莱茨区，位于古老的西印度码头和多克兰区

占地面积：0.29km²（水面达 0.10km²）

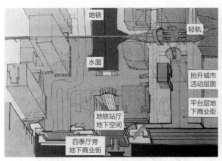

图 3-7-9　四个城市基面

资料来源：杨春侠，吕承哲，徐思璐，等 . 伦敦金丝雀码头的城市设计特点与开发得失 [J]. 城市建筑，2018（35）：101-104.

图 3-7-10　2012 年的金丝雀码头

资料来源：SOM.Canry Wharf Master Plan [EB/OL]. 2018.https://www.som.com/china/projects/canary_wharf_master_plan.

和历史要素。设计手法主要包括自然、历史、交通要素与空间的整合，地上空间与地下空间的整合①。

金丝雀码头（Canary Wharf）是英国首都伦敦一个重要的金融区和购物区，位于 Dockland 码头区的 Isle of dog（狗岛），东西两侧与泰晤士河直接相接。在 75 英亩（1 英亩 ≈ 4047m²）的总用地面积中，水面达 25 英亩，还有 25 英亩沿河用地。

金丝雀码头的成功包含多方面的条件，一方面，传统的金融中心开发受到严格控制，而伦敦作为全球金融中心急切需要新空间。另一方面，大型轨道交通解决了金丝雀码头与城市交通体系的阻隔，伦敦码头区开发公司为开发提供了土地、基础设施及政策方面的良好条件。该区域的城市设计准确把握和整合了复杂多变的城市要素，如轨道交通、自然、历史等，形成了对资本和人流具有强烈吸引力的城市空间。针对高容积率、高密度的开发，金丝雀码头通过开发利用地下空间释放地面用地，创造了舒适宜人的公共开放空间。城市设计对地下空间的利用有两个重要的原则，一个是使地下空间形成体系，另一个是将地下空间体系和地上空间进行三维整合，二者共同形成城市空间的有机组成部分。

它有三大特点：综合化——地下空间不是简单地用于停车和布置设备用房，而是集商业、休闲、服务、地铁站和停车场功能为一体。分层化——地下空间不是在平面扩展而是三维分层，将不同的功能、不同的活动设置在不同的层上。建设分期化——由于建设时序的不同和水系的分隔，使地下空间的形态不是集中的块状空间，而是分为南、北两个带状的空间。北侧的带状空间先期建成，位于中轴线开放空间下，共四层（图 3-7-11）（包含基面抬高后形成的地面一层）；南侧的带状空间位于后期建成的办公建筑地下，共三层。

----

① 韩晶 . 伦敦金丝雀码头城市设计 [D]. 上海：同济大学，2007.

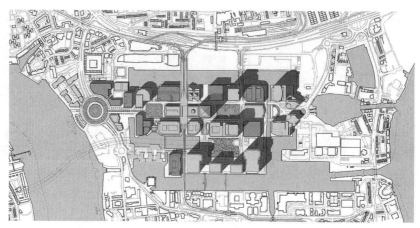

图 3-7-11　英国伦敦金丝雀码头平面图

资料来源：SOM.Canry Wharf Master Plan [EB/OL]. 2018.https：//www.som.com/china/
projects/canary_wharf_master_plan.

金丝雀码头地下空间的特点对其形态有很大的影响，城市设计正是针对这样的特点，将被分隔的地下空间单元整合为一个完整的地下空间体系。整合的手法有三个，分别是功能整合、交通整合和节点整合。功能整合是指通过设置互相关联的功能空间将地下空间串联起采；交通整合是指建立连续的地下步行交通体系连接不同的地下单元，或通过大型交通空间如地铁站厅作为不同地下空间的纽带；节点整合是指在地下空间中设置公共空间节点，增强地下空间的方向性、识别性，同时公共空间节点也是地下空间序列的高潮。

设计手法一：地下空间与地上公共空间的整合——室内中庭的实现

通过城市设计在五栋滨水的办公建筑之间镶嵌了两个尺度巨大的玻璃中庭，其中西中庭直接连接南码头步行桥。玻璃中庭二十四小时对公众开放，墙面和屋顶全部采用透明玻璃，室内光线明亮，空间纯粹，通往地下商业街的大型自动扶梯是空间中最突出的构图要素，自然地将用地南侧的人流引导入地下空间，使地上、地下空间融为一体。

设计手法二：地下空间与交通结合点的整合

整合不同交通要素实现立体换乘的重要节点空间，地下空间与其整合可以使位于地上、地下不同空间的地铁站和轻轨站通过地下空间连成体系，同时使全部的商业空间都在地铁站和轻轨站覆盖的步行范围内，最大程度地发挥商业效益。将室内中庭与地下空间整合在一起，不仅是地下空间体系的公共节点，也是地面、地下的共享空间和交通联系空间，顶部的玻璃屋顶为地下空间提供自然光，同时作为地面空间内独特的视觉要素，不断提示着地下空间的存在（图 3-7-12、图 3-7-13）。

设计手法三：地下空间与步行体系的整合

通过地下空间人行出入口的设置，将地下空间体系整合到公共步行体系中，以

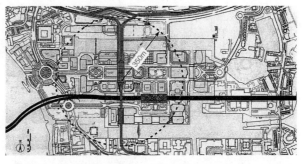

图 3-7-12 英国伦敦金丝雀码头轨道交通站设置

资料来源：韩晶.伦敦金丝雀码头城市设计 [D].上海：同济大学，2007.

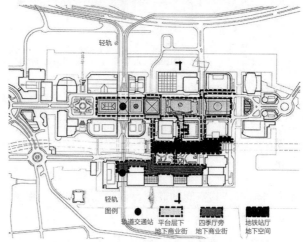

图 3-7-13 英国伦敦金丝雀码头地下商业布置

资料来源：董贺轩.城市立体化设计：基于多层次城市基面的空间结构 [M].南京：东南大学出版社，2010：106.

连续的步行交通形成对地上、地下空间的连续体验。地下空间的人行出入口分为两类，一类是室外独立的出入口，一类是结合建筑空间设置的出入口。在金丝雀码头的城市设计中，地下空间的室外出入口均结合地面公共广场、滨水下沉广场设置，室内出入口均结合交通结合点与室内中庭设置，使地面开放空间的公共活动人流、滨水活动人流、地下商业街的人流、地铁和轻轨之间的立体换乘人流有序地在地面、地下空间中流动、转换。

2. 大阪梅田区地下城市综合体的"站城一体化"

• 结合地下步行系统整合城市区域的城市综合体

梅田区地下空间以地下步行系统为基础，随着地铁站点与商业的引入，逐步形成涵盖地面公共空间、空中公共空间和地下步行系统的"站城一体化"模式。

大阪市北区的梅田是当地的经济中心，大阪站作为综合型火车站是一个集多条地铁与火车线出入的交通大枢纽（图 3-7-14）。围绕车站周边的更新与再开发诞生了一批集合公司、银行、饭店等多功能混合的摩天大楼群。梅田区依托 JR 大阪站开发建设，在东南侧先行开发建设了梅田地下商业街，而位于西侧后续开发的西梅田区和北侧的梅田站北区中心，是由西梅田地下通道、堂岛地下商业街（DATICA）等地下商业街群所组成的地下步行系统。通过步行系统连通大阪车站周边范围建筑，

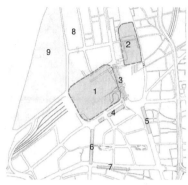

图 3-7-14　大阪—梅田枢纽的区位环境

1—大阪站城综合体；2—阪急梅田站；3—地铁梅田站；4—阪神梅田站；5—地铁东梅田站；6—地铁西梅田站；7—JR北新地站；8—Grand Front Osaka一期；9—Grand Front Osaka 二期

资料来源：吴亮. 站城一体开发模式下轨道交通枢纽公共空间系统构成与特征：以大阪—梅田枢纽为例 [J]. 新建筑，2017（6）：142-147.

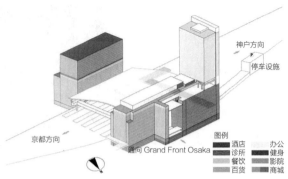

图 3-7-15　大阪站城综合体功能构成

资料来源：吴亮. 站城一体开发模式下轨道交通枢纽公共空间系统构成与特征：以大阪—梅田枢纽为例 [J]. 新建筑，2017（6）：142-147.

加强各城市公共空间的联系，促进功能与活动相关联，进而形成完善的地下城市综合体[①]（图 3-7-15）。

在逐步推进的大阪—梅田枢纽城市再开发战略中，公共空间系统的更新和完善始终处于核心地位。"轨交站域公共空间是一个系统，它包含轨交站点公共空间以及与之存在相互影响、步行可达的周边地面层、地下层、地上层公共空间"[②]。

大阪—梅田枢纽多元化的公共空间要素与高强度土地开发、集约化的城市功能以及复杂的人流和多变的环境等外部因素相互适应，形成了具有独特结构逻辑和场所品质的空间系统，不仅解决了车站地区原有的问题和矛盾、提升了大阪的城市形象，也成为世界城市轨道交通枢纽开发的典范[②]。按照基面特征，大阪—梅田枢纽公共空间系统可以分为地下、地面和空中三个竖向层次。

设计内容一：地下步行系统

地下步行系统将 JR 大阪站、阪急梅田站、阪神梅田站、地铁御堂筋线梅田站和 JR 东西线北新地站等 7 个轨道交通站点相互连通，形成连续的步行者网络，并与阪急百货、希尔顿广场、GFO 综合体、友都八喜梅田店等大型商业设施的地下空间进行了一体化整合和无缝衔接。在地下二层设置了大面积公共停车场，与地下一层共同形成地下交通体系。步行空间的产生也激发了地下商业开发和公共场所营造，不但保障了步行者的安全，也带来了经济效益（图 3-7-16）。

---

① 郑怀德. 基于城市视角的地下城市综合体设计研究 [D]. 广州：华南理工大学，2012

② 吴亮. 站城一体开发模式下轨道交通枢纽公共空间系统构成与特征：以大阪—梅田枢纽为例 [J]. 新建筑，2017（6）：142-147.

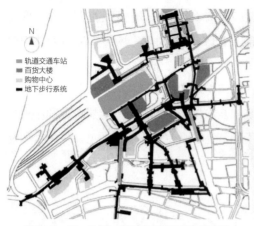

图 3-7-16　大阪—梅田枢纽地下步行系统

资料来源：吴亮.站城一体开发模式下轨道交通枢纽公共空间系统构成与特征：以大阪—梅田枢纽为例 [J]. 新建筑，2017（6）：142-147.

图 3-7-17　大阪梅田地下商业街

资料来源：RET 睿意德商业地产.暗藏玄机，6 种法则开启城市地下商业神秘空间 [EB/OL]. [2017-06-17]. https://m.jiemian.com/article/1402281.html.

设计内容二：地面公共空间系统

巴士停靠的站点大部分设置于地面公共空间系统的主要节点处，通过"步行 + 公交"的方式扩大轨道交通的区域影响力（图 3-7-17）。大阪站城综合体的"南口广场"和其北侧的"梅北广场"是地面公共空间系统中重要的空间节点。南口广场是轨道交通客流向梅田地区集散的主要场所，通过竖向交通设施与车站内部的南北天桥相连，其东侧与公交枢纽站无缝衔接，并能够通过天桥到达阪神百货、阪急百货等大型商场[1]。作为半室外的集散广场，除了交通节点功能，还具有交流、景观、防灾等多重功能[2]。梅北广场是一个以"水"为主题的椭圆形地面广场，位于 GFO 综合体南端，与大阪站北口毗连，广场西侧建有由安藤忠雄设计的名为"梅北之舟"的小品建筑，结合层次丰富的水景设计，使其成为"拥有当地特色的，并被市民们所喜爱的广场"[3]。

设计内容三：空中公共空间系统

为保证步行流线的接续性和环游性，提供更多的公共活动场所，区域内还设有多层次的空中步行系统和公共活动平台，形成立体叠合的三维公共空间网络。大阪—梅田枢纽的空中步行系统由三部分连接构成（图 3-7-18）。在大阪站南部，横跨道路的二层步行天桥将站前广场与阪神百货、阪急百货等大型商业设施连为一体，解决了人车流线冲突。在大阪站内部，被轨道线路分隔的南北站区由分别位于三层

---

① 吴亮.站城一体开发模式下轨道交通枢纽公共空间系统构成与特征：以大阪—梅田枢纽为例 [J]. 新建筑，2017（6）：142-147.

② 日建设计站城一体开发研究会.站城一体开发：新一代公共交通指向型城市建设 [M]. 北京：中国建筑工业出版社，2014.

③ 兆颖.日本关西复兴的起爆剂：大阪 Grand Front 综合体 [J]. 建筑技艺，2014（7）：129-131.

和五层的步行通廊相连，它们通过竖向交通与南、北部的步行系统进行连接，形成贯穿车站南北的连续动线。在大阪站北部，位于二层的中庭广场与 GFO 综合体中的"创造之路"无缝对接。

空中公共活动平台主要分布于大阪—梅田枢纽的核心巨构——大阪站城综合体的内部及周边，它们通过连续的步行系统相互串接，形成具有一定层级性和序列性的公共空间节点体系。按照活动内容的不同，空中平台分为了交通型、休闲型和复合型三类（图 3-7-19、图 3-7-20）。

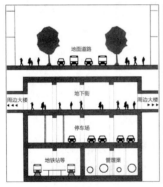

图 3-7-18 地下空间
开发模式图

资料来源：吴亮 . 站城一体开发模式下轨道交通枢纽公共空间系统构成与特征：以大阪—梅田枢纽为例 [J]. 新建筑，2017（6）：142-147.

图 3-7-19 大阪站空中公共
活动平台

1—中庭广场；2—钟乐广场；3—时空广场；4—太阳广场；5—柔和花园；6—风之广场；7—天空农园

资料来源：吴亮 . 站城一体开发模式下轨道交通枢纽公共空间系统构成与特征：以大阪—梅田枢纽为例 [J]. 新建筑，2017（6）：142-147.

图 3-7-20 地面公共空间与
公交系统的接驳

1—JR 大阪站；2—阪急梅田站；3—LUCUA1100；4—大丸梅田店；5—阪急百货；6—阪神百货；7—友都八喜梅田店；8—GFO 综合体；9—希尔顿广场；10—荷贝城；11—梅北广场；12—梅三小路

资料来源：吴亮 . 站城一体开发模式下轨道交通枢纽公共空间系统构成与特征：以大阪—梅田枢纽为例 [J]. 新建筑，2017（6）：142-147.

第 4 章

城市设计方法：
调研与分析

城市设计的调研与分析是城市设计工作前期阶段的重要内容。调研与分析在工作步骤上具有先后关系，具有不同的目的和操作方法。刘堃、金广君总结了阅读城市空间思路的三个层次，即掌握城市空间的外在形态特征的空间形态层、认识空间使用状况的生活效能层、领会空间中人文精神的发展意向层[①]（图4-0-1）。因此，在城市设计调研分析工作中，不能将物质空间和社会生活互相孤立，应统一置于社会历史环境中关联分析，发现内在规律。

　　城市设计调研工作的目的是获取城市空间的基本信息，包括对物质空间的调研和空间中所装载的行人活动的调研，这两类现状信息的获取有其对应的调查方法。城市设计分析工作的目的首先是对现状信息的整理，其次是发现信息的内在关联与规律，联系外在表征和内在动因，为开展规划设计工作提供更加务实、理性的依据。

　　本章总结出了6种常用的城市设计调研方法和6种城市设计分析方法，为解读城市物质与社会空间，发现空间的外在表征与内在动因的关联提供方法参考（表4-0-1、表4-0-2）。

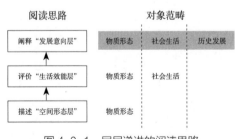

图 4-0-1　层层递进的阅读思路

资料来源：刘堃，金广君.当代城市设计实践中的城市空间调研方法论研究 [J]. 城市规划学刊，2011.

---

①　刘堃，金广君.当代城市设计实践中的城市空间调研方法论研究 [J]. 城市规划学刊，2011.

城市设计调研方法表　　　　　　表 4-0-1

序号	调研方法		适用的空间类型	适用尺度	主要涉及要素								
					行为活动	使用感受	用地功能	城市形态	道路街道	开放空间	街区形态	城市色彩	标志与节点
1	问卷法		城市社会空间	宏 中 微	●	●							
2	访谈法		城市社会空间	宏 中 微	●	●							
3	认知地图法		城市物质空间	宏 中 微				●	●	●	○	○	●
4	空间注记法		城市物质空间、城市社会空间	宏 中 微	●			●	●	●	●	●	●
5	数字化调研方法	GPS 定位调研法	城市物质空间	宏 中 微	●			○		○			
		无人机航拍调研法	城市物质空间	宏 中 微				●	●	●	●		
6	城市色彩调研法		城市物质空间	宏 中 微								●	

注：●表示方法与要素形成强相关；○表示方法与要素形成弱相关。

城市设计分析方法表　　　　　　表 4-0-2

序号	分析方法	适用的空间类型	适用尺度	主要涉及要素								
				行为活动	使用感受	用地功能	城市形态	道路街道	开放空间	街区形态	城市色彩	标志与节点
1	视觉秩序分析法	城市物质空间	宏 中 微				●	●	●	●		●
2	图形—背景分析法	城市物质空间	中 微	○			●	●	●	●		
3	空间句法	城市物质空间、城市社会空间	宏 中 微						●	●		
4	景观生态学分析法	城市物质空间	宏 中 微	●		●	●		●	●		
5	GIS 空间信息处理及分析方法	城市物质空间、城市社会空间	宏 中	●	●	●	●			●		●
6	大数据技术分析方法	城市物质空间、城市社会空间	宏 中	●	●	●	●	●	●	●	●	●

注：●表示方法与要素形成强相关；○表示方法与要素形成弱相关。

4.1 城市设计调研方法

4.1.1 问卷法

问卷法适用于调查城市物质空间的社会属性，如满意度调查、特定群体的偏好调查、城市意象调查等，也有的用于对建成效果进行使用后评价，目的是将定性的表征定量化采集。

1. 方法概念

问卷法是通过填写问卷或调查表来收集资料的一种方法，它以问题表格的形式，测量人们的特征、行为和态度[①]。问卷法是向城市设计的"在地使用者"，例如城市市民、社区居民等发放调查问卷，通过一系列针对性强的问题，了解他们对于设计区域的直观印象、对现状的不满之处，以及对未来生活的愿景，是较为经典的定量与定性结合的公众意愿调查手段[②]（图4-1-1）。通过调查人们空间利用的倾向性和态度，达到对研究对象进行现状评价的目的，并能实现加强公众参与、广泛收集民意的目标。

2. 问卷调查的形式

问卷调查形式常分为自填问卷和访谈问卷。自填问卷可通过企事业单位、学校、社区居委会等渠道将纸质问卷发放至受访人群，或通过电子邮件、微信、微博等互联网平台拓展自填问卷的发放渠道（图4-1-2）。访谈问卷通过调查员到达当地入户面访或结合电话询问等方式完成。在设计初期或设计范围较大的情况下可采

图4-1-1　问卷调查调研方法工作场景（1）
资料来源：徐奕然."互联网+"时代背景下
参与式城市设计方法的传承与拓展[D].
南京：东南大学，2017.

图4-1-2　问卷调查调研方法工作场景（2）
资料来源：徐奕然."互联网+"时代背景下
参与式城市设计方法的传承与拓展[D].
南京：东南大学，2017.

---

① 戴晓玲.城市设计领域的实地调查方法：环境行为学的视角[D].上海：同济大学，2010.
② 徐奕然."互联网+"时代背景下参与式城市设计方法的传承与拓展[D].南京：东南大学，2017.

用自填问卷，在设计深化期或设计范围较小的情况下采用访谈问卷[①]。一份内容完备的调查问卷通常由卷首语、问卷说明、问题与回答、编码和其他资料五部分组成[②]。

3. 问卷法调研过程及问卷设计方法

问卷调查法的调研过程可分为明确调查对象和目的—制定问卷内容—问卷发放—统计与分析。首先，依据调查对象的几个特征去选取样本进行代表性的研究；其次，在问卷设计之前应先进行预调研，初步判断研究对象反映的主要问题，以进一步明确研究的重点和指导问卷的设计。

在问卷设计的因子选取中，可根据文献综述的指标体系、相关规范以及前期调查结论来选取调查因子。问卷调查的问卷设置中常运用李克特（Likert）量表

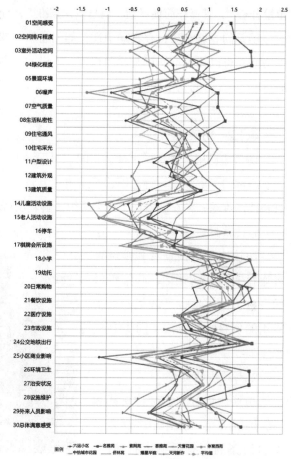

图 4-1-3　体育中心周边样本住区满意度
评价 SD 曲线
资料来源：刘其华. 广州天河体育中心周边住区居民满意度研究 [D]. 广州：华南理工大学，2012.

或 SD 法来量化研究人们对于特定事物的满意度（图 4-1-3）。调研数据处理中常用相关分析法、主成分分析法、因子分析法、聚类分析法、回归分析法、层次分析法等，比较研究对象评价数据的差异，并找到差异形成的内在原因。如刘其华在关于广州天河体育中心周边住区居民满意度研究中，结合相关分析、因子分析及回归分析等多元统计分析方法[③]，以李克特量表的形式呈现居民对住区各项要素的满意度评价情况。

4. 方法的优点和局限性

问卷调查法的优点有易获得可观的样本数量，尤其是网络问卷，能在短时间内实现更为广泛的参与，并借助专业问卷网站自动生成数据统计图表，将定性的问题进行

① 徐奕然 . "互联网 +" 时代背景下参与式城市设计方法的传承与拓展 [D]. 南京：东南大学，2017.

② 戴菲，章俊华 . 规划设计学中的调查方法（1）：问卷调查法（理论篇）[J]. 中国园林，2008（10）：82-87.

③ 刘其华 . 广州天河体育中心周边住区居民满意度研究 [D]. 广州：华南理工大学，2012.

定量分析[1]，其操作简便灵活，信息量化精准[2]，且具有匿名性，易于被大众所接受。

但是问卷调查法也存在局限性，如问卷填写的真实有效性难以得到保证，并且网络问卷难以覆盖不使用互联网和智能手机的人群。而访谈问卷则存在费时费力的缺点[2]，需要时间充裕和人力保障。

4.1.2 访谈法

访谈法适用于调查城市社会空间，用于深入了解不同利益群体的真实需求。如向政府部门了解顶层设计意图，管理组织方式；向专家顾问、建设单位了解设计重点和技术难题；向在地居民、社会组织了解基层诉求与愿景。

1. 方法概念

访谈法是指调查者和被调查者通过有目的的谈话，收集资料的一种方法，这也是现代社会中常用的资料收集方法（图 4-1-4、图 4-1-5）。

2. 访谈法的类型

访谈法可分为无结构访谈和有结构访谈[3]。无结构访谈采用一个粗线条的调查提纲进行访问。这种访问方法，对提问的方式和顺序、回答的记录、访谈时的外

图 4-1-4 访谈法工作场景
资料来源：2018 届华南理工大学毕业设计.

部环境等，都不作统一规定。有结构访谈是按照统一设计的、有一定结构的问卷进行访问，最后将访谈过程记录下来，挖掘出其中对现状分析有帮助的信息。还可将访谈法分为一对一访谈和集体访谈[4]。

3. 方法的优点和局限性

访谈法的优点是互动性高。调查者和被调查者之间能够及时互动，可以通过追问澄清含糊的描述。被调查者也能在交流中整理思路，提供较为肯定的答案，回收率和回答率较高，能够减少因被调查者文化水平较低和理解能力较差而给调查效果造成不良影响[1]。

① 戴晓玲. 城市设计领域的实地调查方法：环境行为学的视角 [D]. 上海：同济大学，2010.

② 徐奕然. "互联网 +" 时代背景下参与式城市设计方法的传承与拓展 [D]. 南京：东南大学，2017.

③ 顾朝林. 城市社会学 [M]. 北京：清华大学出版社，2002：228.

④ 李和平，李浩. 城市规划社会调查方法 [M]. 北京：中国建筑工业出版社，2004：151–152.

访谈对象：珠海香洲区、保税区、高新区、万山区

访谈时间：2018 年 3 月 16 日

问：在城市设计的实际管控中是否有达到理想状态？
高新区：实际上并没有十分理想，这是我们区提出的一些管控要求，可以给你们看看，但这些都很难落实。
问高新区：像您给我们看的资料中提出了"建筑高度小于 36m 的必须采用坡屋顶"这类非常细致的管控要求，为什么无法落实呢？
高新区：像这些要求都是建管科提出的(区别于规划科)。但在实际过程中难以落实，我来的时候又和他们大概沟通了一下，他们说就是只有几条可以落实，具体情况可以后续和区建管科沟通。
万山区：沿海湾区对建筑色彩等有要求，到最后实施的时候可能因为区域管委会的意见，还有一个是造价的问题比如说屋顶的形式，建设单位会考虑造价成本的问题，所以后面就没有按照指引去建设。
问：所以他们是有上报这个情况吗？
万山区：设计单位上报的方案是没有完全按照指引设计的方案，但因为城市设计没有纳入控规，所以多数时候是规划部门妥协了。除非是重点项目，上局会施加压力，可能就好一些。

问：有没有一些你们觉得需要纳入更刚性需求的要素？
万山区：就海岛来说我觉得建筑高度还有屋顶、檐口、色彩最好都有明确的刚性控制，弹性不能太大，弹性太大会破坏海岛风貌，能够刚性控制更好，海岛有一些石头做的房子，原始的风貌很有保护价值，新的建设最好可以呼应这个风貌而不去破坏它，所以有必要刚性一点。
问：那目前这些要去管控的要素是依据什么来定控制内容的？
万山区：之前请过国际单位做一些概念设计，包括空间布局、建筑色彩等，并根据这些定管控要素。
问：贵方在编制城市设计时是采用竞赛的方式还是直接委托？
各区：直接委托设计单位，没有经过竞赛。

图 4-1-5 珠海城市设计访谈记录
资料来源：2018 届华南理工大学毕业设计．

但访谈法也有其局限性，它对调查者的能力要求比较高，匿名性差，易受受访者情绪影响。并且花费人力、物力、时间较多[①]。在调查范围上体现为时空覆盖面小的不足[②]。

4.1.3 认知地图法

认知地图法适用于调查城市物质空间，用于识别城市空间各要素特色，以此研究居民心目中的城市意象认知，进一步分析其位置关系和频率，发现城市特色与问题。

1. 方法概念

认知地图是一种通过图示获取在地居民对城市或社区真实的心理感受和要素意象的方法，最早由凯文·林奇在《城市意象》中应用，归纳出五类城市意象元素：道路（Path）、边界（Edge）、区域（District）、节点（Node）、地标（Landmark）（图 4-1-6）。这是结合了认知心理学分析技术和社会学调查方法发展出来的一种专门记录城市意象的方法[③]。从我国的意象调查实践来看，认知地图法在慢慢演变为一种公众意象的问卷调查法，或是由问卷调查和画草图相结合的调查方法。通过统计问卷收集到的意象元素的频率，调查人员自行绘制城市意象元素的分布图[①]。

---

① 戴晓玲．城市设计领域的实地调查方法：环境行为学的视角 [D]．上海：同济大学，2010.

② 徐奕然．"互联网 +"时代背景下参与式城市设计方法的传承与拓展 [D]．南京：东南大学，2017.

③ 王建国．现代城市设计理论和方法 [M]．南京：东南大学出版社，2001.

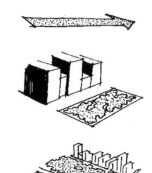
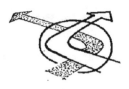

道路
（大街、步行道、公
路、铁路、运河）

节点
（道路交叉口、方向
变换处、十字路口）

边界
（河岸、开发区的边
界、围墙 ）

地标
（建筑物、招牌、
店铺、山丘）

区域
（住区、商业区、工
业区）

图 4-1-6　城市意象五要素

资料来源：凯文·林奇. 城市意象 [M]. 方益萍，何晓军，译. 北京：华夏出版社，2001：4.

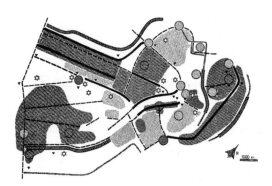

图 4-1-7　由草图中得出的波士顿意向

资料来源：凯文·林奇. 城市意象 [M].
方益萍，何晓军，译. 北京：华夏出版社，2001.

2. 操作方法

凯文·林奇通过三种途径获取人们对城市的公共意象。由一位受过训练的观察者对地区进行系统的徒步考察，绘制由各种元素组成的意象图；对一组居民进行长时间访谈而得到的意象图；由居民凭自己记忆在白纸上画出所在城镇的草图（图 4-1-7）。林奇采用的意象调查法是访谈法和图解技术的有机结合，统计各个意象元素被提及的频率及相互关系，生成公众意象图。需要注意的是，大城市中的城市意象调查易受到样本范围影响，居民的活动范围决定了他们对周边区域城市意象的了解。因此，要公平地选取均匀散布在被研究区域的居民作调查。或者将认知地图调查的范围从整个城市缩小到一个区域。

3. 方法的优点和局限性

认知地图法的优点，一是加强公众参与，为分析城市中有活力空间和消极空间提供调查基础[1]；二是城市意象分析开拓了城市设计中认知心理学运用的新领域，提供了居民参与城市设计的独特途径[1]；三是这种方法建立在非专业者，甚至是孩童对环境日积月累的真实体验之上，具有很好的原始性和直观性[2]；四是生动的图形和鲜艳的色彩更能激发参与者的热情，大大降低参与门槛[2]。

---

[1] 戴晓玲. 城市设计领域的实地调查方法：环境行为学的视角 [D]. 上海：同济大学，2010.

[2] 徐奕然. "互联网 +"时代背景下参与式城市设计方法的传承与拓展 [D]. 南京：东南大学，2017.

但是认知地图法也存在一些局限性。首先，该方法对被访者的素质有较高的要求，因此会出现被访者不愿意配合调查的情况，需要调查者耐心地解释。其次，认知地图法获取资料分析的成本较高，难以进行大规模的样本调查。此外，受访者绘制的地图与所处的地理位置有关，规模较大的城市未必能获得一个共同的城市意象[1]。

4.1.4 空间注记法

空间注记法适用于调查城市物质空间，多用于在城市公共空间记录不同时段的活动信息、空间使用频率和视觉感受等，以进一步指引设计方向。适用于小尺度的空间调查。

1. 方法概念

空间注记分析方法是指"在体验城市空间时，把各种感受（包括人的活动、建筑细部等）使用记录的手段诉诸图面、照片和文字"。空间注记法是一种重要的环境行为学研究方法，由Ittelson等提出[2]，广泛应用于城市公共空间研究中，不仅记录不同活动类型、活动主体的社会属性，还同步记录活动地点、场地景观等信息。所有有关人、行为、空间和建筑实体的要素，无论是数量性的还是质量性的，都是注记分析的客体对象[3]。

2. 空间注记法的类型

常见的注记观察方法有三种。一是无控制的注记观察，源自基地分析的非系统性分析技术，观察者在指定的城市地段中任意选择描述重要的、有趣的空间；二是有控制的注记观察，通常在给定地点、参项、目标、视点并加入了时间维度的条件下进行[3]；三是部分控制的注记观察，如规定参项而不定点、不定时等[4]。

3. 方法案例

威廉·怀特对萨克斯第五大道和第五十街的街道的空间注记观察显示，超过2min的交谈集中发生在街道交叉口（图4-1-8）。还通过注记对5min内停留在广场中的人群进行定位，展示不同类型人群停留广场空间的分布情况[5]（图4-1-9）。扬·盖尔也采用空间地图行为标注法，对空间中人的行为聚集点、行为流线等进行标注，通过对连续社会行为的拍照来对空间生活进行研究（图4-1-10）。

① 戴晓玲. 城市设计领域的实地调查方法：环境行为学的视角 [D]. 上海：同济大学，2010.

② ITTELSON W H，RIVLIN L G，PROHANSKY H M. The use of behavioural maps in environmental psychology[M]// PROHANSKY H M，ITTELSON W H，RIVLIN L G. Environmental psychology：man and his physical setting. New York：Holt，Rinehart &Winston，1970：658–668.

③ 王璐，汪奋强. 空间注记分析方法的实证研究 [J]. 城市规划，2002（10）：65–67.

④ 王建国. 城市设计 [M]. 南京：东南大学出版社，2010.

⑤ WHYTE W H. The social life of small urban spaces[M]. Washington，DC：The Conservation Foundation，1980.

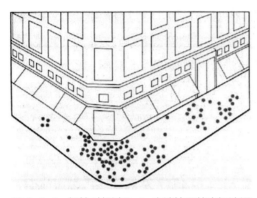

图 4-1-8　怀特对超过 2min 交谈情况的空间注记

资料来源：WHYTE W. H. City: rediscovering the center [M]. New York: Doubleday, 1988.

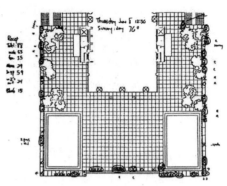

图 4-1-9　怀特对广场 5min 内停留的人群进行注记（X 代表男人，O 代表女人）

资料来源：WHYTE W H. The social life of small urban spaces[M]. Washington, DC: The Conservation Foundation, 1980.

4. 方法的优缺点

空间注记分析方法综合了基地分析、序列景观、心理学、行为建筑学等环境分析技术的优点。空间注记法通过收集有关城市空间形态、城市设计美学、人的空间活动等方面的数据可以为改善城市空间形态奠定基础，为城市设计美学方面提供依据[1]。此外还能帮助设计者加深对设计任务的理解，以理性、客观的测试方法来建立和验证关于步行空间设计的理论和原则[1]。

空间注记法的使用存在一定的难度。一方面，由于观察者情绪易受到许多无用信息干扰，该方法对调查者的表达能力和信息捕捉能力要求较高。另一方面，由于需表达的信息量太大，用具象的表述显得

图 4-1-10　扬·盖尔利用连续拍摄的照片对行为进行观察

资料来源：JAN G, BIRGITTE S. How to study public life [M]. Washington, DC: Island Press, 2013.

比较繁琐，工作量也很大，所以，设计者常常借助自己的一套抽象的符号系统来表达，以形成简化的分析图，但该分析图若与其他人交流讨论，则还要考虑符号使用的约定性和规范性。

① ITTELSON W H, RIVLIN L G, PROHANSKY H M. The use of behavioural maps in environmental psychology[M]// PROHANSKY H M, ITTELSON W H, RIVLIN L G. Environmental psychology: man and his physical setting. New York: Holt, Rinehart &Winston, 1970: 658–668.

4.1.5 数字化调研方法

数字化调研方法适用于调研城市物质空间和社会空间，通过现代科技精准、快速、可视化地测量空间环境信息。杨俊宴将数字化调研方法归纳为GPS定位调研法、无人机（倾斜摄影）航拍调研法、网络问卷调研、360度全景调研等[①]。

1. GPS 定位调研法

GPS 定位调研法适用于调研城市物质空间和社会空间，常用于采集人的日常活动路径和特定观测点的景观风貌数据。该方法偏向应用于大中尺度城市设计工作中。

概念：GPS 定位技术可为用户提供随时随地的准确位置信息服务。如黄怡等人将 GPS 调研技术用于采集老年人的出行轨迹信息，深入探讨老年人的日常活动及其感知评价与社区公共空间的关系[②]；李瑾运用GPS定位调研技术研究小学生的行动路径与城市空间形态的关联性[③]（图 4-1-11）。此外，该技术还可用于采集特定观测点的景观风貌数据，杨俊宴等人通过 GPS 基站选取、定位顶点、数据汇总整理，对杭州西湖湖面上的景观视线数据进行测量并进行景观评价，最终得到该湖泊及沿湖堤岸各景观点看城市景观的综合评价图[④]（图 4-1-12）。

GPS 定位调研法的优缺点：GPS 定位调研方法最大的优势在于调研坐标的精确定位，辅以多种数字化方法，达到精确调研的目的[⑤]。在大型河湖水面、旷野郊外、丘陵山区等不易以标志物定位的地区，通过 GPS 定位技术可以精确确定观测点位置。但 GPS 设备昂贵，且设备运行受卫星信号影响。

2. 无人机航拍调研法

无人机航拍摄影技术是目前全球测绘领域新兴的一门技术手段，它是将多个传感器搭载在同一架飞行平台上，对地物从多个角度进行拍摄，获取到更全面和完整的地物信息。无人机倾斜摄影航拍调研法适用于调研城市建成环境，用于建立城市三维可视化模型。目的是获取城市物质空间多方位信息，感知建成环境的整体风貌，亦可以获取城市主干道交通流量的信息。

无人机倾斜摄影建模过程：将无人机航拍获取的不同方向的高分辨率影像图上传至平台，即可将无人机、手机或专业相机上拍摄的二维照片快速转换成三维模型。成品可即时通过互联网分享，或在其他三维作图软件中直接使用（图 4-1-13）。

① 杨俊宴. 全数字化城市设计的理论范式探索 [J]. 国际城市规划，2018，33（1）：7–21.

② 黄怡，朱晓宇. 城市老年人的日常活动特征及其感知评价的影响因素：以上海中心城社区为例 [J]. 上海城市规划，2018（6）：87–96.

③ 李瑾. 基于 GPS 技术的小学生放学路径调查与城市空间优化研究 [D]. 合肥：合肥工业大学，2014.

④ 赵烨，王建国. 滨水区城市景观的评价与控制：以杭州西湖东岸城市景观规划为例 [J]. 城市规划学刊，2014（4）：80–87.

⑤ 杨李强，张家根，薛亮. 无人机航拍在城市规划上的应用初探 [J]. 江苏城市规划，2016（12）：33–37.

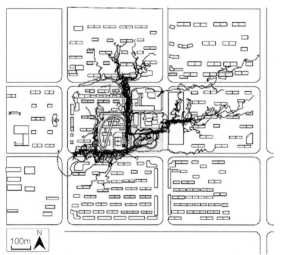

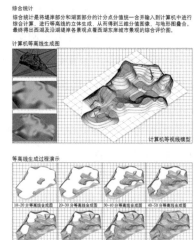

图 4-1-11　基于 GPS 定位技术的屯溪路小学滨湖校区
轨迹图

资料来源：李瑾. 基于 GPS 技术的小学生放学路径调查与城市
空间优化研究 [D]. 合肥：合肥工业大学，2014.

图 4-1-12　基于 GPS 定位技术的滨
水空间望城景观评价图

资料来源：杨俊宴. 全数字化城市设计的
理论范式探索 [J]. 国际城市规划，2018，
33（1）：7-21.

　　无人机航拍的优缺点：无人机航拍调研可以采集到全方位、多角度、大场景的数据，非常适合一定范围内高分辨率遥感数据的即时获取，并迅速建成三维模型，有利于设计人员对现状空间的直观感知，并能便于探讨交流。此外，该方法还能缩短数据采集时限，只要天气条件适合，一至两人即可组成一个无人机飞行小组，半天时间即可对一个单元地块现场进行实时大范围、多视角的数据采集[①]。并且，无人机航拍调研技术常运用大规模的城市场景建模，与传统的建模方式相比具有更加高效的建模效率（图 4-1-14）。

　　无人机航拍调研能解决传统调研方法的一些不足。无人机航拍可以弥补传统垂直拍摄下无法分析建筑立面形象、城市形象的缺陷[②]。此外，无人机航拍调研需要依赖良好的天气条件，对调研人员操作技术要求较高。

4.1.6　城市色彩调研法

　　城市色彩调研法适用于研究并发现城市色彩问题，以达到感知城市风貌、特色和内涵的目的。最终可形成对城市色彩规划和管控的依据。该方法适用于研究中微观尺度的城市设计。

① 杨李强，张家根，薛亮. 无人机航拍在城市规划上的应用初探 [J]. 江苏城市规划，2016（12）：33-37.

② 李哲. 建筑领域低空信息采集技术基础性研究 [D]. 天津：天津大学，2009.

图 4-1-13　无人机倾斜摄影不同方向的
影像数据

资料来源：王琳，吴正鹏，姜兴钰，等．无人
机倾斜摄影技术在三维城市建模中的应用 [J].
测绘与空间地理信息，2015，38（12）：30–32.

图 4-1-14　云南昆明某地区城市三维模型

资料来源：曹帅帅．无人机倾斜摄影测量三维建模的应用
试验研究 [D]. 昆明：昆明理工大学，2017.

1. 方法概念

城市色彩以城市物质空间环境为载体，包含了众多元素，其中以城市建筑总体色彩为主体，伴随着城市发展而成熟，它的形成受到城市多方面因素的影响，反映了城市的特色和内涵[1]。色彩调查分析的准确性是认知与发现城市色彩问题的基本前提。自 19 世纪初都灵色彩规划以来，愈加科学、准确的城市色彩"取色"与"分析"方法不断出现并完善，在我国亦有广泛使用[2]（表 4-1-1）。

2. 调研思路

城市色彩调研法的思路可分为选区—确定调查要素—选择取色方法—归纳分析。首先确定具体的研究区域，且以科学实验的方式对空间整体等分取样，将城市景观分解为大量有序的视觉图像片段；明确调查在城市景观中有重要影响的要素，一般包括建筑、植物、土壤等；运用合适的取色方法，解析图像片段中对景观色彩有意义的颜色并进行测量记录；最后把具有景观特征的色彩以色谱的方式分类归纳，总结出该地域色彩构成的情况。

3. 取色方法

在取色方法上，目前应用于城市色彩研究的主要有色卡比对法、器械测色法以及影像记录法[2]（表 4-1-2）。色卡比对法，是利用标准色卡比对归纳地域性色彩特征。器械测色法，是使用分光测色仪、比色灯箱等器械现场记录或取样测色的调查方法。影像记录法，是现阶段最普遍应用于城市规划色彩研究中的调查方法，即在调查研究区域广泛利用影像设备获取城市街道、建筑立面或局部材质的影像数据，如百度街景地图。

① 　阳建强，孙静．城市色彩调查评价方法研究：以无锡总体城市设计色彩研究为例 [J]. 华中建筑，2008（10）：151–157.

② 　吴泽宇．基于大规模街景图像的城市色彩量化方法研究 [A]// 中国城市规划学会．共享与品质：2018 中国城市规划年会论文集（05 城市规划新技术应用）．北京：中国建筑工业出版社，2018：8.

不同街道色彩   表 4-1-1

街道名称	城市空间（片段）
伦敦 摄政街	
莫斯科 阿尔巴特街	
苏州 十全街	

资料来源：吴泽宇 . 基于大规模街景图像的城市色彩量化方法研究 [A]// 中国城市规划学会 . 共享与品质：2018 中国城市规划年会论文集（05 城市规划新技术应用）. 北京：中国建筑工业出版社，2018：8.

城市色彩调查主要取色方法[①]   表 4-1-2

色彩调查方法	采集设备	适用样本	取样特征
色卡比对法	色卡	建筑材质、涂料、植被、土壤等	少量典型要素（非连续）
器械测色法	分光测色仪	建筑材质、涂料等	少量典型建筑（非连续）
影像记录法	影像设备	局部或整体视觉环境	典型节点空间

4. 分析手段

在分析手段上，为整合大量的色彩调研取色数据，诸多学者在色彩分析方法上作出了不同尝试。路旭[①]等人在深圳深南大道色彩研究中通过《中国建筑色卡》电子软件记录调研数据，并通过色相、彩度分布图以定性的方式呈现色彩使用特征。安平以定性与定量研究相结合的方式对天津城市色彩景观进行数据采集、分析、归纳，总结出现状特征[②]（图 4-1-15、图 4-1-16）。

5. 方法优点和局限性

城市色彩调研能够使设计者了解城市色彩现状，实现城市色彩的定量化研究，为城市色彩规划提供依据。但是城市色彩调研方法中也存在局限性，一是选取典型

① 路旭，阴劼，丁芋，陈鹏城市色彩调查与定量分析：以深圳市深南大道为例 [J] 城市规划，2010，34（12）：88-92.

② 安平 . 城市色彩景观规划研究：以中国天津中心城区为例 [D]. 天津：天津大学，2010.

图 4-1-15　五大道建筑色彩现状

资料来源：安平 . 城市色彩景观规划研究：以中国
天津中心城区为例 [D]. 天津：天津大学，2010.

性样本进行取色时，受到色彩样本数量
与环境偶然性影响较大；二是取色过程
由人工完成，需要消耗大量时间成本，
在大尺度城市研究中存在局限；三是分
析成果的呈现方式各异，色彩研究语境
不统一。

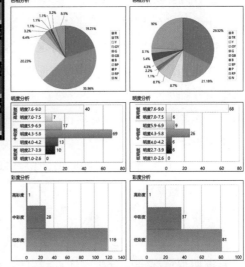

图 4-1-16　第五大道建筑色彩分析图

资料来源：安平 . 城市色彩景观规划研究：以中国
天津中心城区为例 [D]. 天津：天津大学，2010.

4.2　城市设计分析方法

4.2.1　视觉秩序分析法

视觉秩序分析法是针对城市物质空间进行的解读，用于分析城市现状物质空间的形态构成和美学意义，明确城市轴线、城市廊道的布局，也可形成视线分析，控制城市开发强度。

1. 方法概念

视觉秩序法是英文 Visual Order 的直译，也称为序列视景分析法、视线分析法、视觉秩序分析法。1960 年，凯文·林奇在《城市意象》[①] 中，已经开始将城市景观同人们在城市中的体验和人们的行为心理结合起来。几乎同一时间，英国的戈登·卡伦在 1961 年出版的《城镇景观》[②] 中，也从视觉、心理以及设计内涵等方面系统地论述了视觉序列对城市景观的重要性，其中卡伦强调的视觉秩序是秩序的整体连续性，是人对序列的动态感受（图 4-2-1）。

① LYNCH K，JOINT C.F.U.S. The image of the city[M]. Cambridge：MIT Press，1960.

② CULLEN G. Concise townscape[M].Taylor and Francis，2012.

2. 作为美学意义的运用

王建国院士认为视觉秩序分析是注重城市空间和体验的艺术质量，成为特定的政体寻求物质上表达的中介，针对城市形态、城市结构方面进行设计[①]（图 4-2-2）。在古代西方，许多经典的城市设计项目运用了视觉秩序进行设计分析，如朗方的华盛顿特区规划（图 4-2-3）、希克斯特斯所做的罗马城改造、西特对某中世纪广场的改造。

3. 作为建设控制的运用

视觉秩序分析法也可称为视线分析法，可通过四种情况进行分析：即点到点的眺望、线到点的眺望、点到线的眺望、线到线

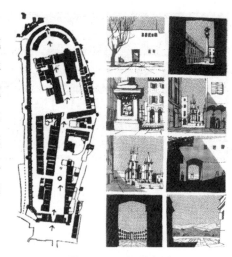

图 4-2-1　视觉序列

资料来源：CULLEN Gordon. Concise townscape[M]. Oxford：Taylor and Francis，2012.

的眺望。由此形成视廊和视面对建成环境进行控制，保障景观资源的展现[②]。彭建东等人在运用视线分析法控制建筑高度过程中加入多维视线的人行动态视感的新思路，经过基础数据准备、现状高度分析、控制要求设定以及多维结果计算的过程，实现对蒙城县万佛塔地区建筑高度的更加严谨科学的控制[③]（图 4-2-4、图 4-2-5）。

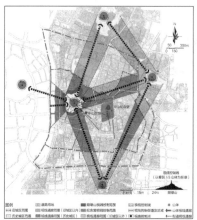

图 4-2-2　佛山历史文化名城保护
景观视线分析

资料来源：华南理工大学建筑设计研究院.
佛山历史文化名城保护规划 [Z]. 2015.

图 4-2-3　朗方的华盛顿特区规划
资料来源：根据 Google Map 改绘

---

① 王建国. 现代城市设计理论和方法 [M]. 南京：东南大学出版社，2001.

② 曾舒怀. 城市设计中视线分析的控制方法与应用研究 [J]. 南方建筑，2009（1）：17-20.

③ 彭建东，丁叶，张建召. 多维视线分析：人行动态视感分析维度下的高度控制新方法 [J]. 规划师，2015，31（3）：57-63.

"城市中心区高层酒店——万佛塔"视廊宽度平面图

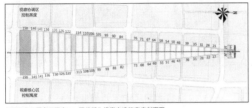

"城市中心区高层酒店——万佛塔"视廊内建筑高度剖面图

图 4-2-4 蒙城县万佛塔地区建筑高度控制（1）
资料来源：彭建东，丁叶，张建召.多维视线分析：人行动态视感分析维度下的高度控制新方法 [J]. 规划师，2015，31（3）：57–63.

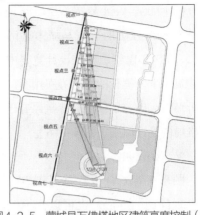

图 4-2-5 蒙城县万佛塔地区建筑高度控制（2）
资料来源：彭建东，丁叶，张建召.多维视线分析：人行动态视感分析维度下的高度控制新方法 [J]. 规划师，2015，31（3）：57–63.

4.方法优点和局限性

视觉秩序分析有利于展示城市的景观空间环境，城市建筑与自然环境相协调。对建筑高度、形体进行控制，可以形成良好的建筑景观序列。通过挖掘城市景观资源，并以美学指导城市空间形态建设，有助于形成特色的城市景观，弥补城市特色缺失。

视觉秩序分析法只看到视觉艺术和形体秩序，而掩盖了城市实际空间结构的丰富内涵和活性，特别是社会、历史和文化诸方面对城市设计的影响[1]。视觉秩序分析法设定的标准和分析都要依赖于规划师的视觉感受和判断，分析的结果缺少对社会和人的活动因素的考虑，可能并不能完全反映现实的视觉环境景观，造成视觉秩序分析最后结果的偏差。因此，在进行视觉秩序分析时适当地引入公众参与来减小这些偏差，这也将是该方法未来的改进方向[2]。

4.2.2 图形—背景分析法

图形—背景分析法用于解读城市空间结构，发现离散无序的"失落空间"，适用于大中尺度的城市设计项目。

1.方法概念

对建筑实体和空间虚体构成的主要的城市肌理进行研究，能发现具有类似格式塔心理学中的"图形与背景"的关系，这种分析方法称为图形—背景分析。通过对城市环境图底关系正反两方面的分析可以更全面、更深入地理解和研究城市空间环境[3]。图形—背景分析开始于 18 世纪的诺利地图（Nolli Map，1748 年），也叫作实—

① 王建国.现代城市设计理论和方法 [M].南京：东南大学出版社，2001.

② 彭琼，徐燕，叶长盛，等.视觉秩序法在规划设计中的运用：以杭州千岛湖望湖山庄规划设计为例 [J].规划师，2012，28（2）：50–54.

③ 孙颖，殷青.浅谈图底关系理论在城市设计中的应用 [J].建筑创作，2003（8）：30–32.

空分析（Mass-Void Approach）。运用到图形背景分析方法的有罗马城市"诺利地图"，1983年巴黎歌剧院设计竞赛中加拿大建筑师卡·奥托的中选方案用了"图底分析"法，确定了依循并尊重原有巴黎城市格局的设计原则（图4-2-6）。

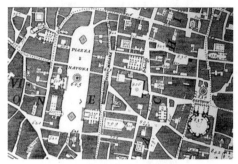

图4-2-6　罗马诺利地图局部
（纳沃纳广场、万神庙一带）

资料来源：IAN V，ALLAN C. Giambattista Nolli and Rome[Z]. 2014.

2. 方法运用

图形—背景分析既可以作为前期调研发现问题的方法，也可以作为解决现状问题的指引。寻找失落的空间，在混沌中创造秩序，在无序中寻找有序。王建国认为通过图底关系分析，应找出不具有连贯性的失落空间，为了弥补空间结构上的不足，重新捕获外部空间的形式秩序，我们可以把空间和街区形态很好地结合起来，人为地设计一些空间阴角、壁龛、回廊、死巷等外部空间的完形。从城市设计的角度看，这种方法实际上是想通过增加、减少或变更格局的形体几何学来驾驭空间的种种联系。其目标旨在建立一种不同尺寸大小的、单独封闭而又彼此有序相关的空间等级层次，并在城市或某一地段范围内澄清城市空间结构[①]（图4-2-7、图4-2-8）。

3. 方法优点和局限性

图形—背景分析能很好地梳理空间网络，直观地了解城市发展秩序，有助于我们更好地了解城市的空间总体结构和城市的空间等级，了解城市的肌理特色，了解城市形态的发展动态。该方法是表达剖析城市结构组织的最有效的图示工具，可以清晰地显示出城市在建设时的形态意图[①]，能提高人们将城市空间赋予"图形"的意识和技术手段，从而创造出积极的城市空间[②]。但是该分析方法缺乏三维空间信息，对改造、设计的指导缺乏一定的科学性。

4.2.3　空间句法

空间句法用于将城市物质空间和社会空间结合分析，提供了一种以定量的方式探索城市规律、挖掘物质空间与社会空间内在关系的新视角。该方法根据需要适用于不同尺度下的城市设计项目，广泛应用于城市形态和路网形态分析、建筑设计、城市问题（如犯罪热点分析、交通预测）、历史城镇规划与保护、空间认知研究等领域中[③]。

① 王建国. 城市设计[M]. 南京：东南大学出版社，2010.

② 孙颖，殷青. 浅谈图底关系理论在城市设计中的应用[J]. 建筑创作，2003（8）：30-32.

③ 陶伟，古恒宇，陈昊楠. 路网形态对城市酒店业空间布局的影响研究：广州案例[J]. 旅游学刊，2015，30（10）：99-108.

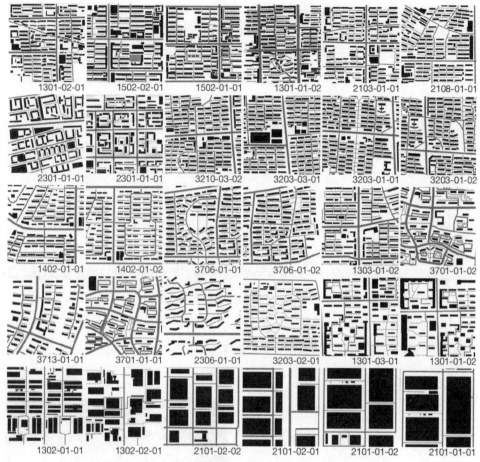

图 4-2-7　空间肌理形态参数特征分析的样本列举

资料来源：陈石，刘洪彬，张伶伶 . 形态参数视角下城市空间肌理特征解析 [J]. 建筑学报，2021（S2）：106–111.

图 4-2-8　南京南捕厅街区规划前后对比图

资料来源：杨俊宴，谭瑛，吴明伟 . 基于传统城市肌理的城市设计研究：南京南捕厅街区的实践与探索
[J]. 城市规划，2009（12）：87–92.

1. 方法概念

空间句法是在 20 世纪 70 年代由伦敦大学的 Bill Hillier 教授及其团队提出并发展的一种网络分析方法，可用定量指标来描述、分析建筑空间和城市空间对人的影响，以及人在空间中的移动，也可反映出城市社会经济活动与物质空间的相互关系。

2. 方法模型

空间句法涉及两种模型：轴线模型、线段模型[①②]。

轴线模型：空间句法模型一般为轴线模型（图 4-2-9）。轴线模型遵循可视原则建立，是在多数情况下选择的句法模型建立方法[③]。传统的空间句法分析技术多基于可视原则展开，运用诸如轴线分析、视域分析等方法揭示城市空间特征，这在偏小尺度的微观城市设计中具有广泛价值，但在大尺度城市设计方法中具有相当的局限性。

线段模型：线段模型是空间句法在轴线模型之后所创建的一种模型类型，最早由特纳提出[④]。与轴线模型的物理基础是人在空间中进行视觉引导下的直线运动不同，线段模型考虑路网偏转的角度对人（车）流出行的影响[⑤]。其被证明在交通流量预测中更贴近实际情况，与交通流的拟合程度更高[⑥]（图 4-2-10）。

图 4-2-9　广州历史城区叙事性意象与全局整合度分析

资料来源：吴凯晴 . 广州历史城区叙事性意象研究 [D]. 广州：华南理工大学，2019.

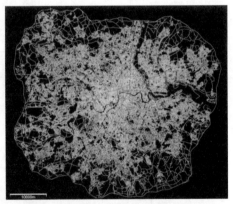

图 4-2-10　空间句法线段模型

资料来源：伍敏，杨一帆，肖礼军 . 空间句法在大尺度城市设计中的运用 [J]. 城市规划学刊，2014（2）：94-104.

① 伍敏，杨一帆，肖礼军 . 空间句法在大尺度城市设计中的运用 [J]. 城市规划学刊，2014（2）：94-104.

② 黄铎，古恒宇，姜洪庆 . 基于空间句法的城市设计方法与流程融合机制构建 [J]. 规划师，2018（3）：59-65.

③ 段进 . 空间研究 14：空间句法在中国 [M]. 南京：东南大学出版社，2015.

④ TURNER A. Angular analysis[C]//Proceedings of the 3rd International Symposium on Space Syntax，2001.

⑤ 丁传标，古恒宇，陶伟 . 空间句法在中国人文地理学研究中的应用进程评述 [J]. 热带地理，2015（4）：515-521，540.

⑥ TURNER A. From axial to road-centre lines：a new representation for space syntax and a new model of route choice for transport network analysis[J]. Environment and planning B：planning and design，2007（3）：539-555.

3. 方法的重要参数与校核

在空间句法模型中与此分析对应的重要参数是整合度（Integration）和穿行度（Choice）[1][2]，句法分析往往围绕这两个参数展开。整合度指的是到达的潜力，穿行度指的是路过的潜力。整合度往往可用于城市空间结构识别、城市功能区划分、城市功能节点服务半径判定和道路可达性分析等方面；在传统空间句法线段模型中，穿行度则主要用于城市路网交通流量分析与评价（图 4-2-11、图 4-2-12）。在用地规划中，两个参数皆可以用于识别商业区等特色城市功能区。空间句法模型校核通常是指基于统计学手段，通过交通流量等变量，评价句法模型对城市建成区域功能节点及交通组织等空间描述的准确性，并寻找适合的搜索半径[3]。

也有学者将空间句法的变量指标归纳为：连接度（Connectivity Value）、整合度（Integration Value）、可理解度（Intelligibility）和协同度（Synergy）等[4]。

4. 方法的优点和局限性

一是空间句法包含众多参数，当运用在城市设计中时，这些参数如何与城市设计相关的不同专业进行协调是需要特别关注的问题。二是对于线段模型的建立，一

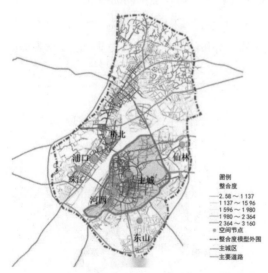

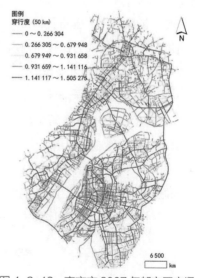

图 4-2-11　南京市都市区中心城区 50km 半径整合度图
资料来源：黄铎，古恒宇，姜洪庆. 基于空间句法的城市设计方法与流程融合机制构建 [J]. 规划师，2018（3）：59-65.

图 4-2-12　南京市 2007 年都市区交通现状穿行度图
资料来源：黄铎，古恒宇，姜洪庆. 基于空间句法的城市设计方法与流程融合机制构建 [J]. 规划师，2018（3）：59-65.

① 杨滔. 数字城市与空间句法：一种数字化规划设计途径 [J]. 规划师，2012，28（4）：24-29.

② 陶伟，古恒宇，陈昊楠. 路网形态对城市酒店业空间布局的影响研究：广州案例 [J]. 旅游学刊，2015，30（10）：99-108.

③ 黄铎，古恒宇，姜洪庆. 基于空间句法的城市设计方法与流程融合机制构建 [J]. 规划师，2018（3）：59-65.

④ 王洁晶，汪芳，刘锐. 基于空间句法的城市形态对比研究 [J]. 规划师，2012，28（6）：96-101.

方面需要考虑模型建立的数据规范性问题；另一方面需要考虑的是线段模型的校核问题。方法不存在传统模型校核工作量巨大、难以广泛推广的问题。

4.2.4 景观生态学分析法

景观生态学分析法用于分析绿地系统、建筑布局、道路安排的合理性，以达到保障城市通风廊道、改善城市微气候、保障动植物物种多样性、提升城市环境生态质量的目的，适用于大中尺度的城市景观要素空间结构分析。

1. 方法概念

景观生态学（Landscape Ecology）将地区环境的生态系统和各种类型的土地使用分布进行整合，把整个"城市—区域"视为一个土地嵌合体，用斑块、廊道、基质三种空间元素来描述在区域及景观尺度里空间模式的过程与变迁[①]。景观生态学分析法中的"斑块—廊道—基质"模型是重要概念，是构成景观空间结构和描述景观空间异质性的一个基本模式（图4-2-13）。"斑块"泛指与周围环境存在外貌或性质上的不同，并具有一定内部均质性的空间单元，可以是人类建成区，也可以是植物群落、湖泊、草原等；"廊道"是指景观中与相邻两边环境不同的线性结构，常见的"廊道"包括河流、道路、林带等；"基质"是指景观中分布最广、连续性最大的背景结构[②]。这一模式为比较和判别景观结构，分析结构与功能的关系和改变景观提供了一种通俗、简明和可操作的语言。

2. 景观生态格局的特性

良好的景观生态格局应具有景观生态结构的整体性、景观空间的异质性、景观生态过程的连通性和景观生态过程的稳定性四个特性。异质性决定了景观的格局多样性与生物多样性。应保存原有的各种自然廊道，降低人工建设的影响。在景观生态区域，选取高景观生态安全格局进行控制，以保证景观生态过程的稳定性不受破坏，对指导城市设计和景观风貌规划具有重要意义（图4-2-14）。

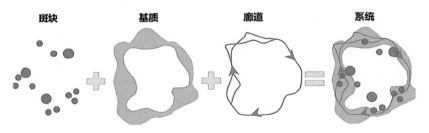

图4-2-13 景观生态学中的"斑块—基质—廊道"结构模式

资料来源：罗军. 基于多尺度层次的深圳城市平面格局演进研究 [D]. 广州：华南理工大学，2017.

---

① FORMAN R T T. Land mosaic: the ecology of landscape and region[M].Cambridge: Cambridge University Press，1995.

② 罗军. 基于多尺度层次的深圳城市平面格局演进研究 [D]. 广州：华南理工大学，2017.

3. 方法使用

在强烈的人工干扰下，欲通过城市设计形成更健康的环境，必须经由整合景观中的各要素、兼顾人的基本需要来提升环境生态质量[①]。在分析时应先判断规划范围内各个景观要素的空间尺度，进行景观要素整合，进而增强斑块与廊道的连通性，提高景观生态空间的连系度、稳定性。城市生态廊道规划不应仅仅局限于城市内部生态环境中呈线状或带状分布的生态空间，应将城市内部的"斑块—廊道—基质"作为整体统一构建，并与外部区域大尺度的生态廊道衔接，构筑多尺度、多等级的生态网络系统，保证廊道的连通性[②]（图 4-2-15）。

4. 方法作用

景观生态学分析并不只研究"纯粹的"自然环境系统，而是特别关注受人为影响与改变的自然系统形式、功能运作与空间模式，因而与传统的生态科学迥然不同。运用景观生态学分析方法有助于发现并针对性地解决景观要素之间的割裂问题，加强城市景观结构、功能结构的稳定性，缓解人与自然的冲突。

图 4-2-14　三明市主城区城市景观风貌专项规划

资料来源：福建省城乡规划设计研究院，三明市城乡规划局.三明市主城区城市景观风貌专项规划 [Z]. 2018.

图 4-2-15　廊道控制区土地利用规划图

资料来源：乔欣，杨威.从被动保护到保护性开发的城市生态廊道规划：以广州番禺片区生态廊道规划为例 [J]. 西部人居环境学刊，2013（3）：62-68.

---

① 陈天，减鑫字，王峤.生态安全理念下的山地城市新区规划研究：以武夷山市北城新区城市设计实践为例 [J]. 建筑学报，2012（s2）：34-38.

② 乔欣，杨威.从被动保护到保护性开发的城市生态廊道规划：以广州番禺片区生态廊道规划为例 [J]. 西部人居环境学刊，2013（3）：62-68.

4.2.5　GIS 空间信息处理及分析方法

GIS 空间信息处理及分析方法可单独研究城市物质空间现状条件，还可结合人流、业态、满意度数据等社会空间信息综合研究物质、社会空间的相互作用原理。在分析应用上，该方法可用于研究城市空间形态、城市用地现状、设施选址布局评价、高度控制、交通路线等方面。该方法也适合任何尺度城市设计项目的分析。

1. 方法概念

地理信息系统（Geography Information System，以下简称 GIS）是一门集计算机科学、地理学、测绘遥感学、环境科学、城市科学、空间科学和管理科学等于一体的新兴边缘学科[①]。GIS 作为一种综合性的交叉学科，不仅仅是一个基本的绘图工具，更为重要的是空间分析功能，通过多元空间交互分析和横向分析，可以搭建定量与定性研究的桥梁，发现新的特征与规律[②]。

2. 方法运用

GIS 技术分析方法在城市设计工作中从资料收集与分析、方案创作、成果交流与反馈、管理实施四个方面都可发挥重要的作用。

在资料收集与分析工作中，设计者可依托 GIS 系统建立起海量多源调研信息的数据库，由此对现状进行专题分析，如地形分析、水文分析、设施服务区评价等，可进一步运用叠加分析综合评价用地适宜性、用地价值等内容（图 4-2-16）。ArcGIS 可通过三维模拟建立模型（图 4-2-17），进行景观视域分析、工程土方分析等。

在方案创作阶段，设计者可直接在现状分析图上进行草图设计，实现设计方案与现状条件契合，增强方案的可实施性（图 4-2-18）。还可通过 ArcGIS 参数化建模的功能，帮助方案深化与对比推敲。

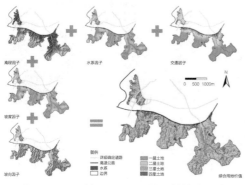

图 4-2-16　基于 ArcGIS 的用地价值评价

资料来源：洪成，杨阳. 基于 GIS 的城市设计工作方法探索 [J]. 国际城市规划，2015，30（2）：100-106.

图 4-2-17　基于 ArcGIS 的基地三维分析

资料来源：洪成，杨阳. 基于 GIS 的城市设计工作方法探索 [J]. 国际城市规划，2015，30（2）：100-106.

---

① 王成芳，黄铎. 城市规划专业 GIS 课程的设置与教学实践研究 [J]. 规划师，2007（11）：68-70.

② 傅娟，黄铎. 基于 GIS 空间分析方法的传统村落空间形态研究：以广州增城地区为例 [J]. 南方建筑，2016（4）：80-85.

在成果交流与反馈阶段包括与用户交流和公众参与两个方面。将数据库引入与用户汇报交流阶段，可随时查看现状和方案信息，并可进行可视化展现。此外，基于 WebGIS 和可视化技术的公众参与形式在国外已经得到应用，并被证明是一种有效的公众参与手段[①]。

在城市设计管理实施方面，GIS 数据库中的成果信息被输入 UPMIS 后，就可以在 GIS 平台上开展信息发布、规划实施、建设项目评估等工作了，同时可作为现状或上位规划资料输入其他城市设计项目[②]。

3. 方法的优点和局限性

ArcGIS 可借助 GIS、Sketch Up、3ds Max 等软件各自的建模优势，全部统一转换到 GIS 平台，从而实现粗细精度有机结合。由此可加强

图 4-2-18　ArcGIS 中在分析图上绘制方案

资料来源：洪成，杨阳 . 基于 GIS 的城市设计工作方法探索 [J]. 国际城市规划，2015，30（2）：100–106.

对现状空间的解读，并直观地看到规划设计的效果，从而将城市设计前期分析与规划设计从传统的二维拓展到三维，强化对空间的把握能力。ArcGIS 参数化制图方式的成果输出阶段方便快捷，制图工作量比 AutoCAD、Photoshop 等方式小得多。

GIS 系统对海量信息进行高效的存储、管理及分析能力是突出的优势之一。其信息的全面性和组织的系统性远非传统的空间注记等城市分析技艺可比拟，并能与多因子评价等统计学方法及运算模型结合运用，从而将社会经济现象与物质空间环境、定量化数据模型与定性化研究加以联系，使其成为城市设计综合分析研究的有效工具[②]。ArcGIS 平台可以方便设计者之间沟通交流，也可以实现更广泛的公众参与。

GIS 技术分析方法也存在局限性，它的功能繁多且系统庞大，熟悉和掌握此软件不是一般的非专业技术人员容易做到的。另外，对大多数用户而言，往往只需要 GIS 开发中的一部分功能，仍然不得不为那些并不需要的功能花费精力。

4.2.6　大数据技术分析方法

大数据技术分析方法运用海量多源数据研究人群活动、交通流量分布、公共设施服务、城市意象等现象规律，达到评价城市活力、发掘城市特色、发现城市问题的目的。

① 韩笋生，彭震 . GIS 在国外城市规划中的应用 [J]. 国外城市规划，2001（1）：42–44.

② 洪成，杨阳 . 基于 GIS 的城市设计工作方法探索 [J]. 国际城市规划，2015，30（2）：100–106.

1. 方法概念

大数据是能从多个维度描绘微观尺度下的人类活动，以及环境要素特征的微观个体的数据，包括政府的开放数据、商业网络的数据、社交的数据，能够捕获到微观的城市活动，微观地块、建筑以及微观个体的活动。利用大数据所能反映出的"人"的活动、空间移动、空间感受来给予规划设计支持[①]。

2. 大数据的类型

大数据按获取方式可分为人工大数据、爬虫大数据、开放大数据和购买大数据。人工大数据即通过纯人力测量、收集获取的数据，如网络问卷调查、网络搜索整理等；爬虫大数据即通过网络爬虫的方式获取的网页数据，借助火车采集器、八爪鱼采集器或 Python 等工具编写自动采集程序，代替人力快速获取数据；开放大数据即在开放平台上可免费下载的数据，如政府数据开放平台、百度地图开放平台等；购买大数据即向数据供应商购买数据，如淘宝购买数据、手机信令数据、公交刷卡数据等。

根据杨俊宴的研究，大数据按属性划分，可分为"动""静""显""隐"四个应用维度[②]（图 4-2-19）。动，是追踪到即时数据流（如人群、机动车）的潮汐，如手机信令数据；静，是精确到空间本体的基准平台，如遥感影像数据、城市开放空间数据；显，是体现出民生诉求的真实感受，如大众点评数据、网络图片数据；隐，是衍射出城市运行的内在规律。动、静、显、隐，各自从自身维度出发，表征着城市的动态结构、静态结构、显性结构、隐性结构，进而构成一个城市多元而复杂的巨系统[①]。通过海量数据对城市发展中遇到的复杂问题进行抽丝剥茧式的解构，同时提出应对的联合方案，从而解决城市的大问题[③]。

3. 方法优点和局限性

大数据分析方法能够捕获到微观的城市活动，微观地块、建筑以及微观个体的活动等，能有效弥补传统的城市设计过程中对规划师的个人知识与经验的依赖[④]（图 4-2-20、图 4-2-21）。但是大数据分析也存在一些问题，研究者更关注大数据用计算机的表现技术或图面的表达效果，而忽略了对于城市大数据背后的原因、机制、影响等环节的深层挖掘，导致最后的研究结论往往流于表面。对单一数据源进行深入的剖析，但内蕴丰富的城市空间数据被无意识地扁平化了，仅仅作为大数据展示的"底图"。

① 张鸿辉. 基于大数据的城市设计方法研究 [A]// 中国城市规划学会. 规划 60 年：成就与挑战 2016 中国城市规划年会论文集（04 城市规划新技术应用）. 北京：中国建筑工业出版社，2016：10.

② 杨俊宴，曹俊. 动·静·显·隐：大数据在城市设计中的四种应用模式 [J]. 城市规划学刊，2017（4）：39-46.

③ 杨俊宴. 城市大数据在规划设计中的应用模式：从数据分维到 CIM 平台 [J]. 北京规划建设，2017（6）：15-20.

④ 杨俊宴. 城市大数据在规划设计中的应用模式：从数据分维到 CIM 平台 [J]. 北京规划建设，2017（6）：15-20.

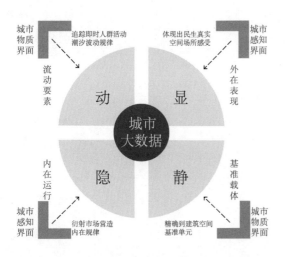

图 4-2-19　大数据应用于城市设计的四个维度

资料来源：杨俊宴，曹俊.动·静·显·隐：大数据在城市设计中的四种应用模式 [J].城市规划学刊，2017（4）：39-46.

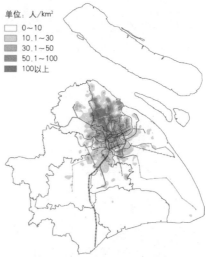

图 4-2-20　节日客流来源地分析

资料来源：方家，王德，谢栋灿，等.上海顾村公园樱花节大客流特征及预警研究：基于手机信令数据的探索 [J].城市规划，2016，40（6）：43-51.

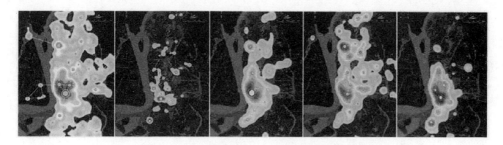

图 4-2-21　基于业态 POI 的城市职能体系图

（从左到右为：城市行政、专业市场、生活服务、社会服务和生产服务）

资料来源：杨俊宴，曹俊.动·静·显·隐：大数据在城市设计中的四种应用模式 [J].城市规划学刊，2017（4）：39-46.

第5章

城市设计编制：
目标与内容

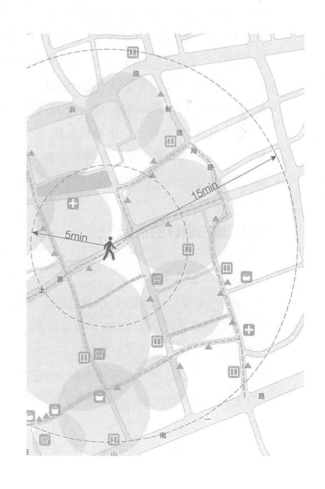

维护城市空间品质和塑造特色城市风貌是城市设计工作的主要任务（图 5-1-1）。城市设计控制作为城市建设的过程管理工具，不仅要适应市场经济下保护公共利益的需求，还在衔接城市设计与规划管理中扮演着重要角色[①]。

城市设计的目标包括以人为本、尊重自然生态本底、延续历史文脉与肌理、建设高品质人居环境以及提供全生命周期的智慧公共服务，多个目标相辅相成，对城市建设分别起到引导和控制的作用，是规划管理的重要依据。

城市设计的内容包含土地综合利用、建筑布局形式和体量、城市公共开敞空间、城市交通系统以及城市家具等多个维度，城市设计因用地规模和面对的问题不同，其核心内容和一般内容在不同项目会发生变化。

5.1 城市设计的目标

5.1.1 以人为本

随着 21 世纪经济全球化发展加速，我国传统的粗放型发展建设方式导致的城市问题日益突显。回顾总结改革开放以来的发展经验，2003 年中国共产党首次提出科学发展观的核心是"以人为本"，强调发展应从以物为本转向以人民群众的需要和利益为基础；2015 年中央城市工作会议指出，以"人民城市为人民"为城市建设的基本标准，城市设计也因此成为落实新时代"以人为本"理念的重要载体。

---

① 金广君.城市设计落地的管控工具介绍：加拿大城市设计概要 [J].国际城市规划，2021（3）：1-16.

以人为本的目标，要求城市设计关注人类日趋多元的物质精神需求，传达与转化人民群众意愿，作为城市设计基础，丰富城市活力场景，强化城市风貌认知，提升人居环境品质。

要实现"以人为本"的目标，应把"以人为本"理念贯穿于城市设计的各个层面：

图5-1-1　广州市远期鸟瞰意象图

资料来源：广州市国土资源和规划委员会，广州市城市规划勘测设计研究院，南京大学城市规划设计研究院有限公司. 广州总体城市设计说明书[Z]. 2017.

在总体与分区城市设计层面，应在总体形态上彰显城市特色意象，基于城市的大山大水生态格局，对生态廊道、开敞空间系统、交通系统等城市要素进行控制与引导，确定分区功能与空间特色，形成具有辨识度的城市公共网络，构建特色城市景观体验。将"以人为本"的设计理念体现在城市空间资源再分配和空间形态再优化中，实现城市空间价值的系统升级。

在重点地段及地块城市设计层面，细化和落实总体城市设计对片区的规划要求，从生态系统、开敞空间体系、地标、街道界面、景观视廊等方面探讨具有地域特色的城市设计策略，完善片区的公共服务体系，营造良好的公共空间系统，并对天际线、色彩、高度、形态、风貌等要求进行细化，以凸显地域特色，实现精细化管控，打造宜业宜游宜居的城市环境。

街道是最贴近市民生活的公共空间，街道城市设计导则作为城市设计的重要成果之一，应充分体现"以人为本"的目标。纵观北京、上海、广州、南京四个城市的街道设计导则，"以人为本"理念总体体现在导则的内容、形式和过程三个方面。其中，"内容"指街道设计导则需要控制的要素及要素的具体引导，"形式"指导则的理解方法和获取途径，"过程"指导则的编制和实施。以上海街道导则为例，商业街道，在周末时增加休闲活动场所功能，控制要素相应地调整为周末活动区和步行活动区，并且对调整的周末活动区提出设置休闲座椅、禁止非机动车通行等设计引导。生活服务街道，其在白天主要承担交通出行功能，控制要素主要是非机动车道和步行活动区（图5-1-2）。

5.1.2　尊重自然生态本底

生态，意指一切生物的生存状态以及生物之间和生物与环境之间的关系。1866年，德国生物学家恩斯特·海克尔（E. Haeckel）提出了生态学概念，明确了生态学是研究生物与其环境之间相互关系的科学。生态、绿色概念进入城市规划和建筑学领域，是城市发展史上的重要里程碑。从空间的表达来看，前者有生态城市、生态街区、生态建筑、城市生态学等概念；后者有绿色城市、绿色街区、绿色建筑等

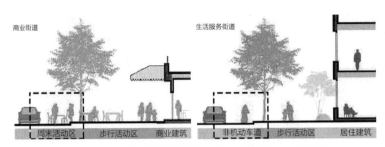

图 5-1-2 上海街道导则关于街道空间设计的内容节选

资料来源：胡燕，倪一舒，高源，等.街道城市设计导则中"以人为本"的理念体现：以我国北京、上海、南京、广州四城市为例 [J].城市建筑，2020，17（8）：7-10.

概念，分别表征了城市中的不同空间层级。

1990 年代，我国学者以生态城市的理论和实践研究为基础，开始进行生态城市设计的相关研究。以吴良镛、黄光宇、齐康、王建国等学者为代表，在人居环境科学、生态城市系统、城市环境规划设计与方法、绿色城市设计方法等方面，取得了一系列研究成果[1~3]。2000 年代以来，我国学者在生态城市设计的理论框架、内在机理、设计方法、技术应用等方面作了诸多探讨，从宏观的城市生态系统研究到中观的生态社区实践，再到微观的绿色建筑设计，取得了丰硕成果。

尊重自然生态本底的城市设计目标要求具体设计策略的提出应以城市的生态本底为基础。一方面，保留与维护现状具有生态价值的空间；另一方面，要考虑城市开发建设对生态环境的影响。

在总体与分区城市设计层面，要实现尊重自然生态本底的目标，首先要识别城市的大山大水，合理调整或新增生态廊道，加强大山大水与城市的相互渗透及山水之间的联系，构建城市基本山水格局。以广州市总体城市设计为例，秉承广州云山、珠水、阔海的自然禀赋，优化提升城市的山水生态空间，塑造出北部依山、中部沿水、南部通海的整体风貌格局，以珠江水系为脉络，串联形成北部自然生态、中部古今交融、南部滨海港城三大特色风貌区。打造以山为屏、以水为脉、七区五廊的山水格局（图 5-1-3~图 5-1-5）。

图 5-1-3 广州市山水格局图

资料来源：广州市国土资源和规划委员会，广州市城市规划勘测设计研究院，南京大学城市规划设计研究院有限公司.广州总体城市设计说明书 [Z].2017.

① 吴良镛.开拓面向新世纪的人居环境学：《人聚环境与 21 世纪华夏建筑学术讨论会》上的总结发言 [J].建筑学报，1995（3）：9-15.

② 齐康.城市环境规划设计与方法 [M].北京：中国建筑工业出版社，1997.

③ 王建国.生态原则与绿色城市设计 [J].建筑学报，1997（7）：8-12.

在重点地段及地块城市设计层面，则须在保护及合理利用城市公园、绿地、水系等较小尺度生态资源的基础上，进一步细化落实总体与分区城市设计层面构建的生态廊道，并与城市开敞空间体系建立有机联系，共同形成城市的生态游憩网络。

图 5-1-4　广州市水网分类图

资料来源：广州市国土资源和规划委员会，广州市城市规划勘测设计研究院，南京大学城市规划设计研究院有限公司.广州总体城市设计说明书 [Z]. 2017.

5.1.3　延续历史文脉与肌理

文脉（Context）一词，最早起源于语言学范畴，该词被称作"语境"，就是使用语言的此情此景与前言后语。引入城市文脉理念是由于在城市建设的过程中过多重视单体建筑空间而忽视城市整体脉络的传承问题。在城镇化进展过程中，历史街区的保护与创新成了城市建设过程中的一大难题，如何有效整合历史资源，在现代化城市建设浪潮中做到文脉延续基础上的融合与发展成了我们研究的重点。文脉主义的引进是在后现代主义的盛行中推行的一种新思潮，文脉主义与城市的结合就构成了城市文脉。而城市文脉是一个广博的概念，是指在历史的发展过程中及特定条件下，人、自然环境、建成环境以及相应的社

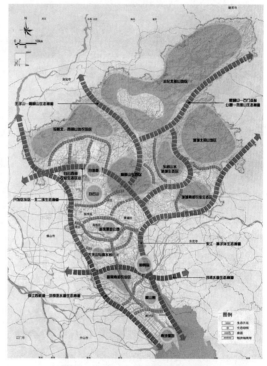

图 5-1-5　广州市生态廊道图

资料来源：广州市国土资源和规划委员会，广州市城市规划勘测设计研究院，南京大学城市规划设计研究院有限公司.广州总体城市设计说明书 [Z]. 2017.

会文化背景之间一种动态的、内在的本质联系的总和[1]。根据类型划分的层级性思想，将城市历史文脉划分为"四大组成部分，十二种构成类型"[2]（表 5-1-1）。

① 孙俊桥.走向新文脉主义 [D].重庆：重庆大学，2010.
② 高华央.基于历史文脉的西安市长安区总体城市设计研究 [D].西安：西安建筑科技大学，2010.

历史文脉的类型划分　　　　　　　　　　　表 5-1-1

组成部分	构成类型	包含要素
形象特色文脉	发展观念形成	低碳城市、创意城市、宜居城市、绿色城市、生态城市、数字城市、可持续城市等
	空间景观形象	山水城市、文化城市、园林城市、海滨城市、森林城市、泉城等
	功能活动形象	旅游城市、工业城市、商贸城市、港口城市、动漫之都、IT 之都等
区域环境文脉	地文景观	山、塬、森林、沙漠、田园、岛屿、草原与草地等
	水域风光	河流、湖泊、水渠、海面等
空间实体文脉	历史街区	传统聚落、特色社区、历史文化街区、传统商业街区等
	特色街道	文化创意街、特色商业街、民俗活动街、传统风貌街、步行体验街等
	历史建筑	传统乡土建筑、书院、陵墓、古典园林、寺庙、名人府邸、别业、历史事件发生地、社会习俗场馆等
	历史景观标志	雕塑、佛塔、摩崖壁画、广场、石窟、碑碣、建筑小品等
场景与活动文脉	名人轶事	帝王官宦、文人墨客、革命志士、商业精英、社会模范、文体明星等
	艺术作品	舞蹈、音乐、戏剧、诗歌、雕塑、文学、书画等
	民间习俗活动	宗教活动、庙会与民间集合、饮食习俗、特色服饰、民间演艺、地方风俗和民间礼仪等

资料来源：高华央 . 基于历史文脉的西安市长安区总体城市设计研究 [D]. 西安：西安建筑科技大学，2010.

延续历史文脉与肌理的城市设计目标要求城市设计应彰显城市历史文化底蕴，展现历史赋予城市的独特魅力。一方面，要在发掘城市历史资源的基础上实现城市历史文脉的传承和历史肌理的保留；另一方面，要利用城市的发展契机，实现城市历史资源的活化利用与创新发展。

在总体与分区城市设计层面，要实现延续历史文脉与肌理的目标，首先要对城市的历史资源与发展脉络进行系统梳理，识别城市历史格局与现存历史文脉，在维持城市历史格局与划定历史保护片区的基础上提出具体策略，传承城市文脉的原生性基因，成为城市形象的重要部分。

在重点地段及地块城市设计层面，则应从以下方向入手。

1. 内涵空间引领场所精神迈进

传统风貌的更新与保护是对城市历史街区场所精神的传承，而历史街区却往往能够带给人们温暖的感情世界，从历史街区城市设计的文脉视角来看，联动建筑单体、景观营造、街巷组织，从街区肌理空间、文化底蕴、人文价值、习俗风情入手正确考究历史街区新旧结合、继承创新的方法与原则能够增进街区精神内涵，从而提升城市文化魅力。

2. 传统文化优化城市空间秩序

大拆大建的营造方式造成历史街区大面积遭到破坏已然成为我们应认真思考

的问题，历史街区的存在是城市肌理脉络的延续，从文脉视角的城市设计理念来看，历史街区的再生长更多的是以历史空间的创新演进为切入点，结合空间环境品质提升、公共服务设施完善配套、业态构成创新等方式营造文脉传承基础上的风貌特色，在多方利益主体有效协作、精细化管理、共同参与的基础上构建适应于现代生活要求背景下历史街区传承的新空间，在不割断文化脉络的前提下创新空间构建，以优秀的传统文化联动卓越的建设与管理模式从而带来城市空间秩序的优化式发展。

3. 历史传承延续人文魅力

城镇化的快速发展给城市营造崭新面貌的同时也让历史街区的生存越来越紧张，从文脉主义视角入手重新思考历史街区的留存与发展问题是彰显城市底蕴，弘扬城市文化魅力的关键。历史街区通过有机更新，以街区空间与社会活动的互动强调建筑形式、空间尺度、色彩风格等内容，严格控制拆真建假、弃旧造新、肆乱搭建等行为，做到新旧结合、尺度统一、风貌协调。一些历史街区由于长时间废弃而失去原本的生活样貌，通过文脉统一的城市设计能够有效协调空间秩序与人文情怀，从原则上延续历史肌理，从而突出人文魅力。

5.1.4　建设高品质人居环境

人居环境，顾名思义是人类聚居生活的地方，是与人类生存活动密切相关的空间，它是人类在大自然中赖以生存的基地，是人类利用自然、改造自然的主要场所。人居环境的核心是"人"，人居环境的研究以满足"人类居住"需要为目的。"人居环境"就城市和建筑的领域来讲，可具体理解为人的居住生活环境。它要求建筑必须将居住、生活、休憩、交通、管理、公共服务、文化等各个复杂的要求在时间和空间中结合起来。因此，要求设计一种聚居地，使所有社会功能在满足目前的发展及将来之间取得平衡，使创造节约能源及材料的建筑设计与环境相协调，并有利于人的身心健康和美观的建筑与城市。

居民的个体需求和生态保育的要求构成了环境生态设计应当遵循的原则。按照美国人本主义心理学家马斯洛的人的"需求层次理论"（图5-1-6），人只有当其较低层次的需求得到满足后，较高层次的需求才能表现出来。

建设高品质人居环境的城市设计目标，一方面要求城市设计应在生理、安全层面满足人类对居住环境的各种基本需求；另一方面要求建设高品质、多层次的人居环境，即实现人类在精神、文化、社交等层面对居住环境的更高追求。

要实现建设高品质人居环境的城市设计目标，应遵循以下原则[①]：

---

① 刘平，王如松，唐鸿寿. 城市人居环境的生态设计方法探讨 [J]. 生态学报，2001（6）：997-1002.

（1）尊重自然：建立正确的人与自然的关系，尽量少地对原始自然环境进行变动。

（2）整体优先：局部利益必须服从整体利益，短期的利益必须服从长期的利益。

（3）重视经济性：对能源的高效利用、对资源的循环利用，提倡 4R 原则即减少使用（Reduce）、重复使用（Reuse）、回收（Recover）和循环使用（Recycle）。

图 5-1-6　马斯洛需求层次理论
资料来源：作者自绘.

（4）维护乡土化：延续地方文化和民俗，充分利用当地材料。

（5）提供方便性：城市环境对居民提供的方便性服务主要体现在城市交通和公共服务设施的便利程度上。

（6）考虑过程性：城市生态环境系统是不断变动的，在设计时要充分考虑这种变动性。

5.1.5　提供全生命周期的智慧公共服务

智慧城市（Smart City）作为新一代信息技术变革的产物，是一种新的城市发展理念和形态。智慧城市借助新一代的物联网、云计算、决策分析优化等信息技术，将人、商业、运输、通信、水和能源等城市运行的各个核心系统整合起来，使城市以一种更智慧的方式运行，进而创造更美好的城市生活[①]（图 5-1-7）。

随着社会需求的不断增加，提供服务的主体也不仅仅限制于政府，更多的社会组织也开始深入地参与其中。其中有学者认为城市公共服务是城市经济体中一个或多个部门通过政府规制、合作或直接供给的方式为了公共利益所提供的服务，它满足以下一方面或多方面目的：保护生命、财产、自由，促进公共教育、生活幸福、安定以及一般福利[②]。由于公共服务具有空间属性，即这些服务要么是由分布在地理空间内的设施提供，要么由分布在特定区域内的人员及设备来提供。城市公共服务根据其空间分布特点可以分为直接提供给家庭或邻里的非定点服务，如垃圾收集、建筑物检测、警力巡视、消防服务等；以及需要居民跨越一定距离才能获取的定点服务，如图书馆、医院、学校等[②]。

① 陈恺文. 面向智慧城市的公共服务设施建设决策研究 [D]. 南京：东南大学，2016.
② 田艳平. 国外城市公共服务均等化的研究领域及进展 [J]. 中南财经政法大学学报，2014（1）：50-59.

提供全生命周期智慧公共服务的城市设计目标，要求城市设计引入新技术手段，整合设计、实施、管理全流程各要素，形成全面动态的调节系统；不断丰富服务提供主体，完善公共服务体系，并将公共服务落实到具体空间中，推动城市良好发展。

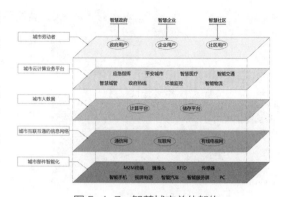

图 5-1-7　智慧城市总体架构

资料来源：陈恺文．面向智慧城市的公共服务设施建设决策研究 [D]．南京：东南大学，2016.

在总体与分区城市设计层面，打造智慧政府，基于城市大数据平台构建城市互联互通的信息网络，并对下一层级的智慧社区、智慧企业等进行规划及引导。在重点地段及地块城市设计层面，从公共服务、公共安全、城市治理及智慧产业等多方面落实上一层级的具体要求，构建数字化的智慧感知网络体系。

以深圳市新型智慧城市建设总体方案为例，深圳市制定了构建统一支撑、建设两个中心、实施四大应用、强化两个保障、"数字政府"的从支撑、平台到应用的新型智慧城市一体化建设格局

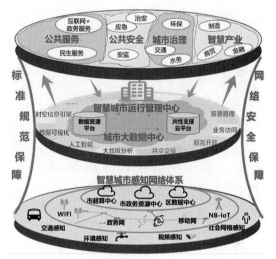

图 5-1-8　新型智慧城市一体化建设格局

资料来源：陈晓红．新技术融合下的智慧城市发展趋势与实践创新 [J]．商学研究，2019，26（1）：5-17.

（图 5-1-8），以落实市委市政府关于打造国家新型智慧城市标杆市的战略部署，促进深圳现代化国际化创新型城市和社会主义现代化先行区的建设。

5.2　城市设计的内容

当代城市设计强调以一种系统整合的思路来观察和研究城市形态和空间环境的构成要素，是城市设计的重要学科特征（图 5-2-1）。城市设计必须明确研究对象，并将设计要素的特征和构成元素说明清晰（图 5-2-2）。

城市要素是城市形态和空间环境的现实构成元素。然而，正如现实世界都是互相重叠、错综复杂的一样，城市并不是构成要素的简单相加，其形态和空间环境的

图 5-2-1 卡迪夫湾

资料来源：搜狐网. 威尔士的首府卡迪夫. 一个繁华又惬意的小城 [EB/OL]. [2021-01-28]. https://www.sohu.com/a/447267701_120935333.

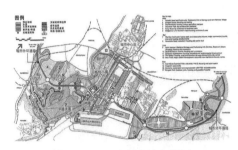

图 5-2-2 卡迪夫湾区规划

资料来源：HOOPER A，PUNTER J. Capital Cardiff, 1975-2020: regeneration, competitiveness and the urban environment[M]. Cardiff: University of Wales Press, 2006.

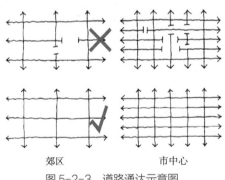

郊区　　　　　　　市中心

图 5-2-3 道路通达示意图

资料来源：YEANG L D. Urban design compendium[M]. London: English Partnerships/Housing Corporation, 2000.

品质不仅取决于构成要素本身的性质，更取决于要素之间相互作用的系统关系。

城市构成要素是现实地存在于城市中的，而城市设计的要素则是来自于对城市构成要素系统关系的归纳和总结。

经过归纳整合后，本书认为城市设计的主要要素为：建筑布局、形式和体量，土地使用，公共空间，街道空间，交通与停车，标识与标牌[①~⑤]。

5.2.1 土地综合利用

城市空间应该是容易到达的，并要在视觉层面与其周边的环境相结合：如步行、自行车、公交和小汽车交通等。

地块规模与路网结构密切相关，要想在街区结构、渗透性、可达性中寻找到平衡状态，则路网本身需要通达，且地块规模要适中，小街区模式能够同时满足这两个要求（图 5-2-3）。

在历史街区的修补中，也可以通过地块划分，加强空间的渗透性与可达性，达到与周边环境有更好衔接的效果（图 5-2-4、图 5-2-5）。

土地利用即按照社会经济发展的要求，在城市范围内对土地利用的性质、强度和形态作出具体的安排和部署。土地利用既是城市规划的主要内容，也是城市设计的基础性问题。

根据现行国家标准《城市用地分类

① 金广君. 城市设计落地的管控工具介绍：加拿大城市设计概要 [J]. 国际城市规划，2021（3）：1-16.

② 金广君. 城市设计：如何在中国落地？[J]. 城市规划，2018，42（3）：41-49.

③ 赵烨，王建国. 基于大尺度自然景观融合的城市设计 [M]. 南京：东南大学出版社，2014.

④ 庄宇. 城市设计的实施策略与城市设计制度 [J]. 规划师，2000（6）：55-57.

⑤ 陈纪凯，姚闻青. 城市设计的策动作用 [J]. 城市规划，2000（12）：23-26.

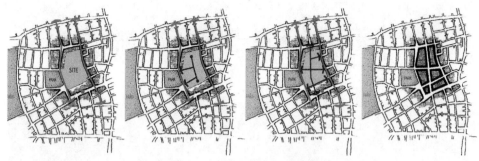

图 5-2-4　历史城区中的街区修补

资料来源：YEANG L D. Urban design compendium[M]. London：English Partnerships/Housing Corporation，2000.

图 5-2-5　巴塞罗那

资料来源：搜狐网 . 巴塞罗那 "扩建区" 风貌，强迫症式的规划模式，看起来很舒服 [EB/OL]. [2020-06-29]. https：//m.sohu.com/a/404712587_120339380/.

图 5-2-6　重点地区土地利用分析图

资料来源：华南理工大学建筑设计研究院 . 珠海横琴新区与保税区、洪湾、湾仔一体化发展区域城市设计导则 [Z]. 2019.

与规划建设用地标准》GB 50137—2011，城市用地分为九大类，其名称和代号为：居住用地（R）、公共设施用地（C）、工业用地（M）、仓储用地（W）、对外交通用地（T）、道路广场用地（S）、市政公用设施用地（U）、绿地（G）、特殊用地（D）（图 5-2-6）。

　　在城市设计中土地利用应考虑以下三方面的内容：

　　（1）土地的综合使用，应尽量避免和减少土地在时间和空间使用上的低谷，对设计用地进行必要的调整，对用地进行地上、地下、地面的综合开发，以建筑综合体的方式来提高土地使用效率；

　　（2）设计结合自然，运用生态的方法创造人工与自然结合的城市空间结构和形态；

　　（3）重视混合使用，关注空间活力的营造。

5.2.2　建筑布局、形式和体量

　　建筑物是城市环境中的决定性因素，建筑实体对城市环境的影响，关键不在建筑单体本身，而是建筑物之间的组群关系。城市设计并不直接设计建筑，但却对其

图 5-2-7　重点地区城市设计总平面图

资料来源：华南理工大学建筑设计研究院 . 珠海横琴新区与保税区、洪湾、
湾仔一体化发展区域城市设计导则 [Z]. 2019.

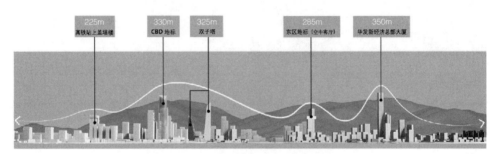

图 5-2-8　重点地区城市设计概念图

资料来源：华南理工大学建筑设计研究院 . 珠海横琴新区与保税区、洪湾、
湾仔一体化发展区域城市设计导则 [Z]. 2019.

区位、布局、功能、形态（如体量、色彩、质地及其风格）等提出控制与引导要求。

建筑形态至少应该具有以下特征：

①建筑形态与气候、日照、风向、地形地貌、开放空间具有密切关系；②建筑形态具有表达特定环境和历史文化特点的美学含义；③建筑形态与人们的社会和生活活动行为相关；④建筑形态与环境一样，具有文化的延续性和空间关系的相对稳定性（图 5-2-7、图 5-2-8）；⑤关注与周边的环境或街景一起，共同形成整体的环境特色。

5.2.3　城市公共开敞空间

城市公共开敞空间意指城市中向公众开放的开敞性共享空间，也即非建筑实体所占用的公共外部空间。城市公共开敞空间具有四个特性：开放性，即不能将其用围墙或者其他方式封闭围合起来；可达性，即人们可以方便进入其中；大众性，服务对象应是社会公众，而非少数群体；功能性，开敞空间并不仅仅是供观赏的，而

图 5-2-9 街道空间效果图

资料来源：华南理工大学建筑设计研究院 . 珠海横琴新区与保税区、洪湾、
湾仔一体化发展区域城市设计导则 [Z]. 2019.

且能让人们休憩和日常使用。但也有学者把室内化的城市公共空间包括在内。开敞空间和道路停车空间、步行空间一起构成城市空间体系的基本框架。

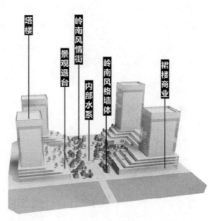

图 5-2-10 重点地区城市设计局部图

资料来源：华南理工大学建筑设计研究院 . 珠海横琴新区与保税区、洪湾、湾仔一体化发展区域城市设计导则 [Z]. 2019.

城市设计应主要关注公共空间质量与活力的提升。人气是场所活力的重要标杆，由于开敞空间是以人为主体促进社会生活事件发生的社会活动场所，所以应正确处理人、事件、场所三方面的关系，以培养充满活力的空间（图 5-2-9）。

街道空间一般指在城市一定区域内，限制机动车的通行，通过步行街、步行广场、人行天桥、人行地道和室内步行空间的规划建设，形成完整的步行系统，创造有活力的城市环境（图 5-2-10）。街道空间作为城市设计的元素是在 1950—1960 年代人车矛盾激化以及作为城市历史保护和增强中心区活力的手段而受到人们青睐的。

街道景观设计主要需要满足以下两个方面的需要。

1. 交通要求

处理好人车交通关系；处理好步行道、车行道、绿带、停车带、街道交接点、人行横道以及街道家具各部分的关系。

2. 贯彻步行优先原则和生活功能需求

充分发挥土地的综合价值，创造和培育人们交流的场所，就必须鼓励步行优先，建立一个具有吸引力的步道连接系统。

街道活力的营造，一般由街墙的连续性、界面提供的零售等积极功能而形成。街道景观则由天空、周边建筑和路面构成。从空间角度看，街道两旁一般有沿街界面比较连续的建筑围合，这些建筑与其所在的街区及人行空间形成一个不可分割的

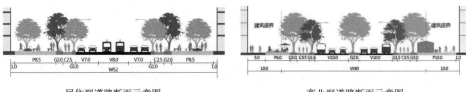

居住型道路断面示意图   商业型道路断面示意图

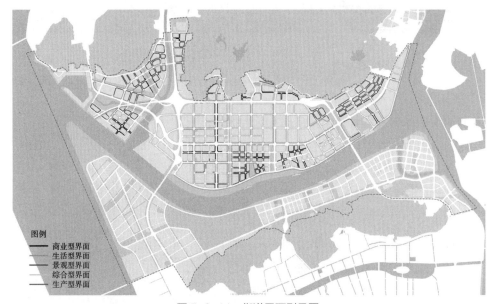

图 5-2-11　街道界面引导图

资料来源：华南理工大学建筑设计研究院 . 珠海横琴新区与保税区、洪湾、
湾仔一体化发展区域城市设计导则 [Z]. 2019.

整体，这个不可分割的整体与在街道上开车行驶者或步行者的认知息息相关。因此，街道活力的营造与街道界面的塑造有很强的相关性（图 5-2-11）。

5.2.4　城市交通系统

城市交通与停车系统是构成城市空间骨架，影响城市视觉意象、功能运转和生态环境的重要物质要素，是市民形成城市意象的最直接载体，也是城市设计的控制对象。城市交通系统包括轨道交通系统、车行交通系统及慢行交通系统等。

轨道交通系统应体现开放性、稳定性、灵活性原则，布局要与城市的形态、土地利用规划及未来发展方向相吻合，有效衔接城市的其他交通系统，并在城市边缘区留有发展余地，随城市发展而调整扩大；车行交通系统应体现结构性、层次性、整体性原则，布局要协调沿路土地的开发性质，根据城市发展特点划分清晰的道路层次，形成结构完整、密度合理的交通骨架；慢行交通应体现可达性、功能性、生态性和连续性原则，布局要根据城市的用地布局确定，与城市绿地系统、城市重要公共节点结合与衔接，形成连续可达的慢行系统，并完善相关设施。

城市设计需要对其动态交通（车流、人流）与静态交通（停车场）的关系作出控制与安排，同时也需要关注交通对城市空间开发的影响。交通组织有多种与城市环境结合的模式：

TOD 模式是以公共交通为导向的开发，是规划一个居民区或者商业区时，使公共交通的使用最大化的一种非汽车化的规划设计方式（图 5-2-12）。

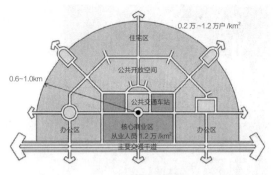

图 5-2-12　城市交通模式图——TOD 模式
资料来源：搜狐网.成都高新区加速进入 TOD 发展时代 [EB/OL].[2019-04-01].https://www.sohu.com/a/305138213_667088.

TND 模式认为社区的基本单元是邻里，每一个邻里的规模大约有 5min 的步行距离，单个社区的建筑面积应控制在 16 万 ~80 万 m² 的范围内，最佳规模半径为 400m，大部分家庭到邻里公园距离都在 3min 步行范围之内（图 5-2-13）。

雷德朋体系是人类在汽车时代到来之际试图解决人车矛盾，解决大量汽车的方便使用和居住区的安全、宁静之间的矛盾而首次采用的规划方法（图 5-2-14）。

交通稳静化是道路设计中减

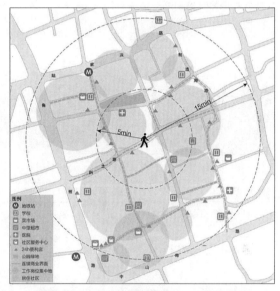

图 5-2-13　城市交通模式图——TND 模式
资料来源：葛岩，唐雯.城市街道设计导则的编制探索——以《上海市街道设计导则》为例 [J].上海城市规划，2017（1）：9-16.

速技术的总称，即通过道路系统的硬设施（如物理措施等）及软设施（如政策、立法、技术标准等）降低机动车对居民生活质量及环境的负效应，改变鲁莽驾驶为人性化驾驶行为，改变行人及非机动车环境，以期达到交通安全，居民生活可居、安全，目的在于改变驾驶员对道路的感知从而使其以合适速度驾驶（图 5-2-15）。

城市地下交通的开发模式包括静态交通和动态交通，静态交通即车行隧道，动态交通重点是地下停车出入口与周边交通的组织，既要顺畅，又要尊重步行环境，城市设计中地下交通的动态组织是否合理有效，直接影响着城市环境的可持续发展（图 5-2-16）。

图 5-2-14　城市交通模式图——雷德朋体系

资料来源：CLARENCE S. Toward new towns for america[M]. New York：Reinhold Publishing Corp.，1957.

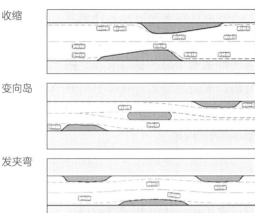

收缩

变向岛

发夹弯

图 5-2-15　城市交通模式图——交通稳静化

资料来源：河工城规资料馆 . 伟大街道研究系列 1：交通稳静化 [EB/OL].[2017-02-28].http：//www.360doc.com/content/17/0228/10/31439406_632632372.shtml.

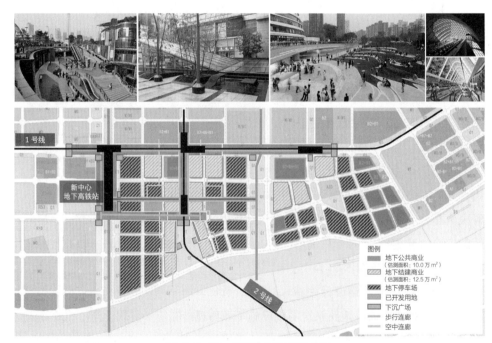

图 5-2-16　地下空间开发概念图

资料来源：华南理工大学建筑设计研究院 . 珠海横琴新区与保税区、洪湾、湾仔一体化发展区域城市设计导则 [Z]. 2019.

5.2.5　城市家具

城市标识、标牌是人们认知城市环境，感受城市气氛的重要符号。标识一般依附于建筑物，但却比建筑物更加引人注目，它包括环境设施、建筑小品、道路指示牌、广告牌、宣传牌、牌匾和灯箱等（图 5-2-17）。

常见标识

广州大剧院外雕塑《飞琴》　　　　　广州大剧院外雕塑《狂歌》

图 5-2-17　标识与标牌示意图

资料来源：搜狐网．说说在城市标识标牌制作设计有哪几种创意？[EB/OL]. [2023-05-20].https://www.sohu.com/a/677454219_121192620?scm=1019.20001.0.0.0&spm=smpc.csrpage.news-list.42.1688052055938Uauy0Yi.

环境设施及建筑小品一般可以包括以下内容：①休息设施：露天的椅子、凳子、桌子等。②方便设施：用水器具、废物箱、自行车存放处、儿童游戏场等。③绿化及其设施：四时花草、花架、花箱、种植池等。④驳岸和水体设施：跌水与人工瀑布、跳石、桥与水上码头等。⑤拦阻与诱导设施：围墙与栏杆、缘石等。⑥其他设施：亭、廊、钟塔、灯具等。

标识、标牌的设置要体现出内容突出、特色鲜明、具有地域文化内涵等特点。标识、标牌是城市设计的控制要素之一。最好的方法是用一套完整的、有层次的、固定与灵活的元素相结合的系统来完成以下三点功能：提供交通信息，指示道路方向和识别内部空间功能。

城市设计应对标识、标牌设置的高度、位置、样式等作出统一规定，使其规范且具有连续和谐的景观效果。

第 6 章

城市设计管控：
路径与实践

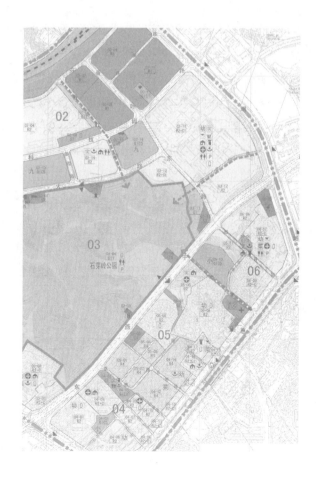

6.1 城市设计实施路径

城市设计的实施环节是制定开发建设的规则,是将城市设计思想、理念真正落实并发挥作用的关键一环。总体而言,我国城市设计现行的实施机制主要存在两条路径,一是将城市设计内容纳入法定规划实施,如城市总体规划、控制性详细规划,进而对下一层次规划建设的编制与管理提出要求;二是将城市设计内容直接纳入规划管理工作的相关条款,如土地出让条件,进而控制城市开发建设行为[①]。

相比于城市规划实施而言,城市设计在法律、行政、经济层面上对城市开发管控的介入能力相对较弱。由于城市设计尚未明确被纳入法定规划,因而其执行的法理基础尚不明晰,更多的则是偏向通过行政的"规划审批""规划许可""规划监督"的方式对城市建设进行对应管控,同时结合"土地出让""容积率调整"等经济干预工具细化总体规划与控制性详细规划的相关内容,以此展现城市设计应有的作用[②]。随着中国进入高质量发展的时代,对于城市空间品质的需求日益增加,因而城市设计的法定地位也应相应得到提升。

6.1.1 城市设计与城市总体规划结合

城市设计的内容通过两种方式在城市总体规划中得以落实,一是在城市总体规划中将城市设计思想融入规划布局方案,作为方案推敲的工具。如在北川新县城总

① 林颖. 制度变迁视角下我国城市设计实施的理论路径、现行问题与应然框架 [J]. 城市规划学刊,2016,232(6):31-37.
② 李琳琳. 我国现代城市规划与城市设计的编制比较及其实施控制 [D]. 南京:东南大学,2006.

体规划中（图 6-1-1），总体规划与总体城市设计同时启动，借助总体规划的法定组织，将城市设计思想贯穿其中得以实施。二是在城市总体规划中设立城市设计或景观控制专题，使城市设计的内容成为具有法律效力的条文款项和政策方针，指导下一层次规划编制和城市建设，如《深圳市城市总体规划（2010—2020年）》规划文本中的总体城市设计章节[①]。

6.1.2 城市设计与控制性详细规划结合

《城市规划编制办法》中提出控制性详细规划应当包括城市设计指导原则，各城市规划主管部门在此基础上进行创新尝试，较成功的做法有两种：一是将城市设计作为主体，结合控规编制城市设计导则，由地方人大审批后成为地方法定文件，如《宁波市东部新城核心区城市设计导则》（图 6-1-2）作为下阶段东部新城开发建设和规划管理的依据。二是将城市设计内容纳入控制性详细规划的法定图则中加以实施，以此获得法律效力，深圳市率先采用这种做法 [①]（图 6-1-3）。

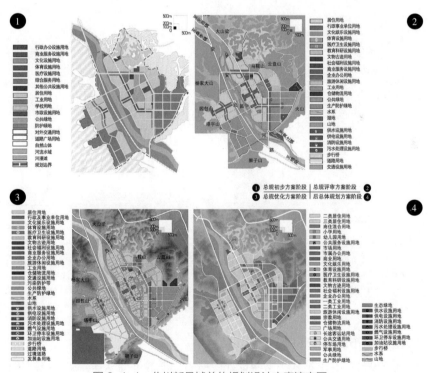

图 6-1-1 北川新县城总体规划设计方案演变图

资料来源：李明，朱子瑜，王颖楠. 北川新县城总体城市设计与总体规划互动探讨 [J].
城市规划，2011，35（S2）：37-42.

---

① 林颖. 制度变迁视角下我国城市设计实施的理论路径、现行问题与应然框架 [J]. 城市规划学刊，2016，232（6）：31-37.

各类型界面布局

界面连续性管制及计算方法

· 连续性，*B/P* 值 85%~100%，针对商务区中央广场 / 公园两侧界面而设定。
· 街墙式，*B/P* 值 85%~100%，为界定主要道路空间尺度而设定。
· 间断式，*B/P* 值 60%~85%，为界定东西向邻里开放空间之城市界面，强调间断性与小尺度感。
· *B/P* 值 = 建筑物邻接道路长度 / 建筑基地邻接道路长度 = (*B1*+*B2*)/*P*。
· 凡被指定留设之基地应依各项 *B/P* 值之规定设置建筑立面，其误差值不得前后大于 1m。
· 建筑物之墙面线，为建筑基地邻接之道路境界线，若有沿街面开放空间指定留设规定，则从其规定。

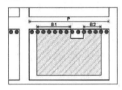

图 6-1-2 《宁波市东部新城核心区城市设计导则》建筑界面控制

资料来源：EDAW. 东部新城核心区城市设计导则 [z].

图 6-1-3 深圳市龙岗 101-03 号片区法定图则——城市设计引导图

资料来源：深圳市规划和自然规划局. 深圳市龙岗 101-03 号片区 [石芽岭地区] 法定图则 [EB/OL].
[2010-05-07]. http://pnr.sz.gov.cn/ywzy/fdtz/cggbcx/lgq/content/post_5841433.html.

6.1.3　城市设计与规划行政许可结合

将城市设计的要求纳入一书两证或者一书三证的审批过程，从而控制项目开发建设，达到实施的目的，深圳城市设计实施在这方面的运用较为成熟[①]。其中，城市设计导则是城市设计实施的主要技术手段，在我国一般与控制性详细规划结合实施。

---

① 叶伟华. 深圳城市设计运作机制研究 [M]. 北京：中国建筑工业出版社，2012.

本章以城市设计导则为主，介绍其概念、内容、控制程度和控制要求，并介绍分析国内外基于城市设计导则的管控案例，为如何制作城市设计导则提供参考。

6.2 城市设计导则

6.2.1 城市设计导则的概念

在美国，城市设计导则是对区划法的辅助手段之一，主要是对城市设计概念和不可度量标准的说明或规定，也作为公众参与和设计评审的标准之一。开发商若想得到某些奖励，如增加建筑高度或密度，其开发设计方案必须以符合设计导则的要求为前提。在英国，城市设计导则通常指：为开发项目的实施提供指导，使之与地方政府或其他组织为维护地方特色所制定的设计政策保持一致的文件。它们的共同点是都明确了导则是对上一层次规划和设计政策的进一步解释，以有效推进下一阶段具体行动的实施[1]。

根据我国实践的情况，可将所有由设计文件转译过来的城市设计导控规则统称为"城市设计导则"[2]。城市设计导则是城市设计法定化的重要途径。在城市设计的过程中，设计导则是实现城市设计目标和概念的具体操作手段，是对未来城市形体环境元素和元素组合方式的文字描述，是为城市设计实施建立的一种技术性控制框架[2]。城市设计导则是将城市设计意图转译为城市空间建造与管制的有效方式与工具，是城市设计最基本、最有特色的成果形式[3]。

6.2.2 城市设计导则的内容

设计导则大体上可分为总则和通则，总则指开发设计项目的设计目标与用途，即一个总体思路，特别是城市开发建设中的价值理念和宏观要求。通则是在总则指导下的具体要求，两者关系类似于文章的中心思想与具体内容。

导则的编制与表达并没有统一的范式，各城市有着不同的体制及背景，各城市通则的具体内容并不相似，应以具体项目背景及城市特色界定通则，以便于规划管理。例如，在杭州老城规划设计导则中，将导则与规划管理体系结合，对应宏观、中观、微观三个层次（图6-2-1）。

总则规定了导则的方向，明确了原则、目标、结构。通则衔接了控规、历史保护规划及其他专项规划。细则在突出文化特色的基础上，提出具体的富有弹性的设计引导要求。

---

① 戴冬晖，金广君. 城市设计导则的再认识 [J]. 城市建筑，2009（5）：106–108.

② 胡辉. 浅析城市设计导则的作用与编制原则 [J]. 中外建筑，2011（5）：66–67.

③ 李子仪. 城市设计导则编制研究 [D]. 南京：东南大学，2015.

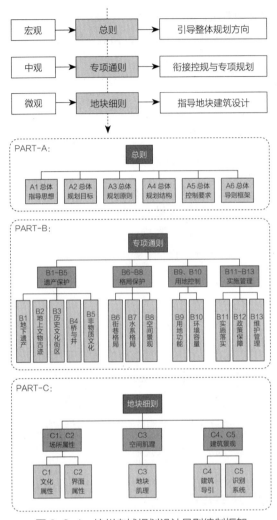

图 6-2-1　杭州老城规划设计导则编制框架

资料来源：华芳，王沈玉．老城区保护与更新规划设计导则编制探索：以杭州老城区为例 [J].
城市规划，2013，37（6）：89-96.

　　例如，珠海横琴新区与保税区、洪湾、湾仔一体化发展区域城市设计导则
（表 6-2-1），构建了"6 个目标层 +38 个要素层"的设计要素管控体系。导则的编
制需要有目标层—要素层的编制思路，根据控制目标引导具体的要素控制内容。

6.2.3　城市设计导则的管控程度

　　导则具有引导和控制的双重作用，是刚性控制与弹性引导的统一。规定性导则
试图为下一层次的具体工程项目提出明确限定，这一限定通过易于衡量的内容（如
建筑高度、后退红线距离）体现。引导性导则提供获得良好城市空间可能的处理
方式，主要体现为品质、活力等较难评价的内容[①]。

---

① 戴冬晖，金广君．城市设计导则的再认识 [J]．城市建筑，2009（5）：106-108.

珠海横琴新区与保税区、洪湾、湾仔一体化发展区域城市设计导则目标和要素控制表

表 6-2-1

城市设计目标	管控要素	管控深度	
		重点地区	一般地区
底线控制（土地出让条件、控规的强制性内容）	地块红线	强制	
	道路缘石线	强制	建议
	地块车行出入口管制	强制	建议
	用地性质	强制	
	容积率	强制	
	建设规模	强制	建议
	建筑退界（裙房、塔楼）	强制	建议
	建筑密度（建筑密度、塔楼密度）	强制	建议
	绿地率	强制	建议
	地块限高	强制	建议
	停车位	强制	建议
丰富建筑群体的空间效果	地标建议位置	建议范围值（FAR不变，增加弹性）	建议
	塔楼位置（建议塔楼位置、塔楼控制角/线）	建议（特定的城市界面鼓励塔楼贴线，但塔楼位置并非群体效果的唯一解，且落实困难）	建议
营造活力空间（街道空间要素管控）	贴线率	建议范围值（指定地区建议）	
	商业界面	强制（指定地区强制）	建议
	骑楼（净宽要求）	强制（指定地区强制）	建议
	建筑裙楼（首层高度、首层檐口高度、裙房高度）	强制（指定地区强制）	建议
	主要人行出入口	建议（应为街道贡献活力）	
	主要机动车出入口	建议（避免削减街道活力）	
	后勤服务出入口	建议（避免削减街道活力）	
	通透率	建议范围值（指定地区建议）	
构建舒适便捷的城市步行体系	轨道交通出入口	强制	
	地块内公共通道	建议（结合地块内开敞空间引导）	
	过街人行天桥	强制（指定地区强制，并确定坐标）	建议（结合多层步行体系）
	过街地道	强制（指定地区强制，并确定坐标）	建议（结合多层步行体系）
	二层连廊	强制（指定地区强制，并确定坐标）	建议（结合多层步行体系）
	慢行自行车道	建议（结合地块内开敞空间引导）	建议（结合多层步行体系）
	二层平台垂直交通	强制（指定地区强制，并确定坐标）	建议（结合多层步行体系）

续表

城市设计目标	管控要素	管控深度	
		重点地区	一般地区
构建舒适便捷的城市步行体系	有盖步行连廊	建议（结合多层步行体系）	
	地块内部开敞空间位置	建议（结合地块内公共通道引导）	
塑造特色城市地标系统	建筑风貌控制	强制	建议
	立面窗墙比控制	强制	建议
构建体系化的地下空间	地下商业	建议	
	地下停车	建议	
	地下步行通道	建议	
	地面步行出入口	强制	建议
	地下车库出入口	建议	
	地下车库连接	建议	

　　资料来源：华南理工大学建筑设计研究院. 珠海横琴新区与保税区、洪湾、湾仔一体化发展区域城市设计导则 [Z]. 2019.

6.2.4　城市设计导则的管控要求

　　城市设计导则的刚性程度在不同尺度层面有不同的要求。总体城市设计层面，导则是对整体环境形态建立起最低的标准而不是对设计提出最高的要求，则以引导性为主。片区级城市设计层面，城市设计的前者职能融入于控规，从导则中提炼出控制性详细规划的控制要求，除控规控制内容外多为引导性内容。地段级城市设计层面，地段的控制重点是对形体环境元素的具体控制，除衔接上一级规划外，其余指标多为引导性[①]。

6.3　国外优秀城市设计管控实践

6.3.1　美国城市设计管控实践

1. 美国城市设计管控概况

　　美国的设计控制是区划控制的修正与补充。大部分美国城市开发控制包括区划控制和设计控制两个方面。其中，区划控制是最基本的控制手段，主要内容包括：地块许可的用途、地块规模、建筑密度、建筑容量、建筑高度、建筑退界线和停车要求等，特点是以刚性控制和量化指标为主，但硬性指标难以满足城市美观、舒适性等管控要求。设计控制在区划控制的基础上产生，对区划中不可量化的要素以导

---

① 高源，王建国. 城市设计导则的科学意义 [J]. 规划师，2000（5）：37–40，46.

则条文的形式进行表达，并通过审查人员及公众对项目内容的审查评定，达到控制的目标[①]（图6-3-1、图6-3-2）。

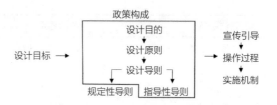

图6-3-1 城市设计控制体系与流程示意

资料来源：约翰·彭特.美国城市设计指南：西海岸五城市的设计政策与指导 [M].庞玥，译.北京：中国建筑工业出版社，2006.

以设计审查（Design Review）介入区划的法律平台。美国的设计控制一般没有专门的法规为其提供法律基础，通常借助区划中的设计审查制度，将引导性的控制要素纳入法定控制体系中，主要包括：建筑色彩、建筑材料、公共空间等[②]（表6-3-1）。

图6-3-2 设计审查与区划的关系

资料来源：黄雯.美国三座城市的设计审查制度比较研究：波特兰、西雅图、旧金山 [J].国外城市规划，2006（3）：83-87.

具有规则约定（Prescription）的特征。采用通则式管理，开发申请与法定规划控制要求相符则能获得规划许可；否则，需要开

旧金山区划内容框架　　　　　　　　表6-3-1

条款	条款名称	分类
第1条款	导言	总则
第1.2条款	尺寸、面积和开放空间	用途区及其规则
第1.5条款	路外停车和装卸	
第1.7条款	兼容	兼容和不兼容规则
第2条款	用途区	用途区及其规则
第2.5条款	高度和体量分区	
第3条款	分区程序	管理规则
第3.5条款	费用	
第6条款	标牌	用途区及规则
第7条款	邻里商业区	
第8条款	混合用途区	
第9条款	Mission Bay 用途区	

① 约翰·彭特.美国城市设计指南：西海岸五城市的设计政策与指导 [M].庞玥，译.北京：中国建筑工业出版社，2006.

② 黄雯.美国三座城市的设计审查制度比较研究：波特兰、西雅图、旧金山 [J].国外城市规划，2006（3）：83-87.

续表

条款	条款名称	分类
第 10 条款	历史建筑物和艺术地标的保护	补充规则
第 11 条款	C-3 区内，对在建筑学、历史或艺术方面有重要意义的建筑或地区的保护	
第 12 条款	燃油和燃气设施	

资料来源：San Francisco Plianning. Urban Design Guidelines[EB/OL]. 2020. https://sfplanning.org/resource/urban-design-guidelines.

设听证会进行分析论证。

2. 旧金山城市设计管控

旧金山城市设计管控是嵌入式管理，即设计控制与开发控制一体化。美国加州法律规定，地方政府需要将城市设计策略转译成为区划法规的控制条文，作为城市设计的实施工具，同时满足区划和导则条例是获取建筑开发执照的必须条件，设计控制范畴几乎涵盖所有的开发项目。

开发控制是强制性的区划管制。区划一般以最高限或最低限的形式，统一规定开发强度的控制指标，只要不超出限制范围，开发者可以自由定量，审批者无权干涉。

设计控制是以城市设计导则进行弹性、引导性管控。旧金山的城市设计导则包含场地设计、公共领域、建筑三个方面内容，并以引导性的设计控制为主。在设计审查程序中，有相应的自由裁量审查，公众或开发商可质疑设计导则的控制权，并在合理的情况下不根据要求建设（图 6-3-3）。

导则 S1 提出："关注和回应城市格局"，认为旧金山可以通过小街巷、小开放空间和顺应地形的楼梯，来提高城市步行体验和调节建筑规模，并对沿街线型开放空间、地标前方开放空间和街区中心开放空间提出引导性要求（图 6-3-4）。

图 6-3-3　旧金山城市设计导则目录

资料来源：San Francisco Plianning. Urban Design Guidelines[EB/OL]. 2020.
https://sfplanning.org/resource/urban-design-guidelines.

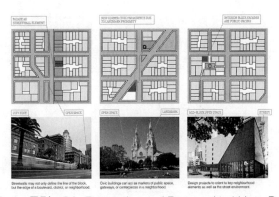

图 6-3-4 导则 S1: Recognize and Respond to Urban Patterns

资料来源：San Francisco Plianning. Urban Design Guidelines[EB/OL]. 2020.
https://sfplanning.org/resource/urban-design-guidelines.

3. 波特兰城市设计管控

波特兰的城市设计管控是独立式管理，即设计控制与开发控制并行。设计控制和开发控制都有各自相应的法定依据，而设计控制一般只对特定的大型开发项目进行设计审议。

波特兰中心区城市设计策略包括中心区—分区—特殊地区设计导则，其中，中心区基本设计导则提供了作为所有导则基础的一系列基本的设计导则。当不同层次的设计导则产生矛盾时，越是地方的、特殊的设计导则就越具有优先权。

波特兰以 Checklist 的形式对设计控制内容进行审查（图 6-3-5），包括 Applicable、Does Comply、Does not Comply 三个等级评价，操作简便，还能较好地适应引导性内容的审批。

建设项目实现流程化管理，每一个步骤都有相关的文件或政策作为依据，各种审查最终形成项目报告，反映规划局对该建设项目的意见。同时，还设置了公众参与和上诉环节，保障申请人的权益（图 6-3-5）。

4. 形态控制区划（Form-Based Zoning Codes）

美国的形态控制准则是针对城市地块形态控制的工具（图 6-3-6）。形态控制通常基于一个详细的规划愿景，以编制和管理形态条例来强制执行，涉及建筑、街道、步行道和停车设施容积率（图 6-3-7）等方面。其重点关注城市形态，也重视用途和其他因素，倡导形成可步行的、人性尺度的邻里[①]。

形态控制准则的主要内容至少包括控制性规划（Regulating Plan）、公共空间标准（Public Space Standards）、建筑形态标准（Building Form Standards）（图 6-3-8），还可以依据社区需要补充如历史保护标准等内容[②]。

---

① 邓昭华. 控制性详细规划制度优化的国际经验借鉴 [J]. 南方建筑，2013（2）：53-58.

② 章征涛，宋彦，丁国胜，等. 从新城市主义到形态控制准则：美国城市地块形态控制理念与工具发展及启示 [J]. 国际城市规划，2018，33（4）：42-48.

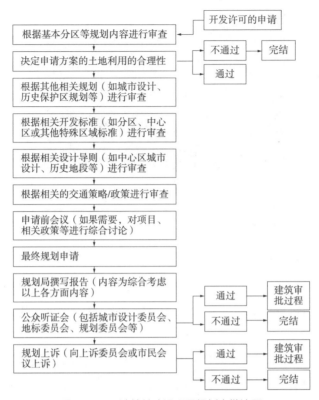

图 6-3-5　波特兰建设项目规划审批流程

资料来源：章征涛，宋彦，丁国胜，等 . 从新城市主义到形态控制准则：美国城市地块形态控制理念与工具发展及启示 [J]. 国际城市规划，2018，33（4）：42-48.

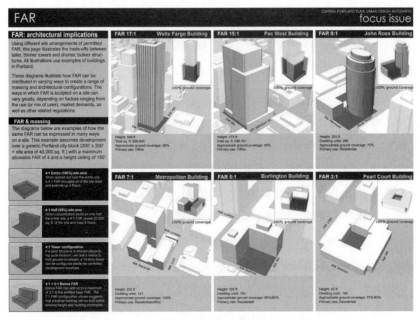

图 6-3-6　波特兰地块开发容积率控制导则

资料来源：Portland.gov. Design Guideline Documents[EB/OL]. 2022.
https：//www.portland.gov/bps/planning/design-guideline-documents.

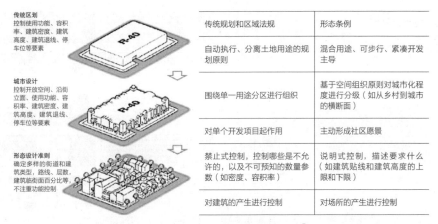

传统规划和区域法规	形态条例
自动执行、分离土地用途的规划原则	混合用途、可步行、紧凑开发主导
围绕单一用途分区进行组织	基于空间组织原则对城市化程度进行分级（如从乡村到城市的横断面）
对单个开发项目起作用	主动形成社区愿景
禁止式控制，控制哪些是不允许的，以及不可预知的数量参数（如密度、容积率）	说明式控制，描述要求什么（如建筑贴线和建筑高度的上限和下限）
对建筑的产生进行控制	对场所的产生进行控制

图 6-3-7　传统区划与形态条例的对比[①]

资料来源：章征涛，宋彦，丁国胜，等. 从新城市主义到形态控制准则：美国城市地块形态控制理念与工具发展及启示 [J]. 国际城市规划，2018，33（4）：42-48.

以迈阿密形态控制区划导则为例。①管理策略：城市区划按照区域类别进行分层治理，从而对地块的开发强度、建筑密度进行分项管控。②管理细则（以 T5 区为例）：一般性控制——建筑形态的使用决定功能安排；具体控制——建筑风貌、布局、高度等（图 6-3-9、图 6-3-10）。导则针对城市核心区各

图 6-3-8　美国迈阿密城市设计管控中的建筑控制

资料来源：THE CITY OF MIAMI BEACH PLANNING DEPARTMENT. 迈阿密城市设计导则 [Z].

种形态的建筑体量提出了详尽控制法则，不同建筑内部容量控制出相应的建筑高度、建筑不同高度区段退台距离范围值等。

6.3.2　英国城市设计管控实践

1. 英国城市设计管控概况

英国在 1968 年的规划法中确立了发展规划（Development Plan）的二级体系：结构规划和地方规划。在法定规划之外，还有补充性规划（Supplementary Planning），包括设计引导（Design Guides）和开发要点（Development Briefs），具体阐述针对特定类型和特定地区的开发政策与建议，主要类型有三种：城市设计纲要（Urban Design Framework）、城市设计要点（Urban Design Brief）和城市整体规划（Master Plan）[②]。

① 章征涛，宋彦，丁国胜，等. 从新城市主义到形态控制准则：美国城市地块形态控制理念与工具发展及启示 [J]. 国际城市规划，2018，33（4）：42-48.

② 陈楠，陈可石，姜雨奇. 英国城市设计准则解读及借鉴 [J]. 规划师，2013，29（8）：16-20.

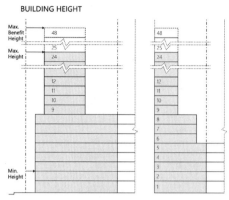

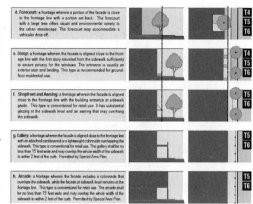

图 6-3-9　美国迈阿密城市设计管控中的建筑高度与体量

图 6-3-10　迈阿密城市设计管理细则中建筑前区要求

资料来源：THE CITY OF MIAMI BEACH PLANNING DEPARTMENT，迈阿密城市设计导则 [Z].

资料来源：THE CITY OF MIAMI BEACH PLANNING DEPARTMENT，迈阿密城市设计导则 [Z].

英国城市设计控制采用判例式管理。法定地方规划较具原则性，作为开发控制的主要依据之一，并非规划许可的全部依据。法律授权规划许可还要根据开发活动的特定情况，确定具体的规划条件，其中涉及设计控制要求。因此，英国的开发控制和设计控制具有明显的自由裁量权。

设计控制是开发控制的组成部分。在城市设计的具体实施中，英国是以设计控制的审查体系进行的，而不同于美国的以区划条例作为开发控制体系。

城市设计准则涵盖的范围很广、内容很多，不同准则之间有相当大的差异，但都包括以下基本内容：政策使用、交通框架/街道等级、停车、开放空间、建筑立面和建筑设计。此外，根据不同的区域或场所的特征，可以制定具有针对性的原则和处理方式①。

2. 厄普顿城市设计管控（表 6-3-2、图 6-3-11）

英国厄普顿城市设计准则主体内容　　　　　表 6-3-2

条目	内容
厄普顿设计导则的使用	设计准则结构、城市等级体系、特征区域
特征区域	城道、邻里发展主轴、邻里主体（主要居民区）、邻里边缘
街道类型	道路类型、街道材料、街道植物、街道设施
街区原则	街区类型、街区原则、公共服务设施、垃圾和材料回收利用
边界处理	临街面、建筑靠近街道的边界、后边界、建筑面向后方庭院的边界、边线、两个住宅相邻位于路边缘拐角的边界
建筑类型和用途	混合用途、临街面的灵活性和用途变更
建筑高度	定义公共空间

① 陈楠，陈可石，姜雨奇. 英国城市设计准则解读及借鉴 [J]. 规划师，2013，29（8）：16-20.

续表

条目	内容
排水系统、公园和开放空间	可持续排水系统、厄普顿广场、儿童玩耍区域、现有自然地物
建筑材料和细节	立面设计、立面设计要素、设计服务

资料来源：DESIGN CODE[Z]. 2005.

图 6-3-11 厄普顿主要街道管控细则图示
资料来源：DESIGN CODE[Z]. 2005.

图 6-3-12 《英国厄普顿城市设计准则》
中对街区原则的要求
资料来源：DESIGN CODE[Z]. 2005.

主要内容：厄普顿城市设计准则（Upton Design Code）分为三个部分，一是开发背景；二是主体部分，包括八个层面内容，即特征区域，街道类型，街区原则，边界处理，建筑类型和用途，建筑高度，排水系统、公园、开放空间，建筑材料和细节；三是提出了管理、监督的要求和内容[1]。

《英国厄普顿城市设计准则》的具体内容表述简单扼要，图示说明形象、表达形式丰富，易于理解；同时为具体设计留出创作空间，并为设计管理和评估提供一定参考（图 6-3-12）。

6.3.3 新加坡城市设计管控实践

1. 新加坡城市设计管控概况

新加坡城市设计导则与新加坡城市总体规划（在规划层面上相当于我国的控制性详细规划）相结合（图 6-3-13、图 6-3-14），在总规开发控制的基础上进行有效的设计控制，运用城市设计思想提升城市品质，创造城市活力。城市设计形式多样，不仅有方案型城市设计，还有多种类型的策略型城市设计。城市设计导则作为技术管理规定，纳入了土地出让条件[2]。

① 陈楠，陈可石，姜雨奇. 英国城市设计准则解读及借鉴 [J]. 规划师，2013，29（8）：16-20.
② 陈可石，傅一程. 新加坡城市设计导则对我国设计控制的启示 [J]. 现代城市研究，2013（12）：42-48，67.

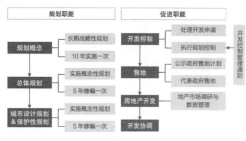

图 6-3-13　新加坡 URA 职能

资料来源：陈可石，傅一程 . 新加坡城市设计导则
对我国设计控制的启示 [J]. 现代城市研究，
2013（12）：42–48，67.

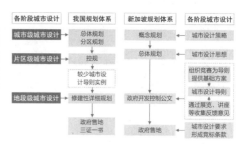

图 6-3-14　新加坡规划体系与我国规划体系对照

资料来源：陈可石，傅一程 . 新加坡城市设计
导则对我国设计控制的启示 [J]. 现代城市研究，
2013（12）：42–48，67.

2. 新加坡城市设计导则

城市设计导则作为辅助和加强的手段，进行开发控制的法定调整，同时对需要重点建筑形态控制的地区设置专项导则引导。导则针对市中心核心区域的 11 个细分区域采取数量和详细程度不同、内容各有侧重的控制。导则控制区域分强弱，其中乌节路、市中心核心区、博物馆区和新加坡河是导则重点控制区（图 6-3-15）。

图 6-3-15　新加坡城市设计导则控制区

资料来源：URA Maps.

新加坡城市设计导则从修订土地利用、步行交通、照明系统、户外美观及商业活力、设施遮蔽、政策激励、公示法定机构及修订申请程序八个方面列举其主要引导内容（表 6-3-3）。各区域的城市设计导则由多个专项型导则组成，分别对步行廊道、建筑围层、建筑界面、户外标识、照明系统、设施遮蔽、户外商业设施和环境艺术等进行设计控制（图 6-3-16）。专项导则针对性强，图文并茂，简明表达了规划的公共政策意图，保障控制核心设计内容[①]。

新加坡城市设计导则引导内容[①]　　　　　　　　表 6-3-3

导则名称		引导内容
修订土地利用	街区规划修订	规定土地利用类型、容积率、高度、建筑形式、后退红线及建筑边缘、服务设施区、屋顶形式、机动车入口、停车等相关内容
	建筑高度修订	放宽居住建筑高度限制
	居住转酒店用地	土地功能由居住用途转为酒店用途

① 傅一程 . 规矩成就方圆：新加坡城市设计导则 [J]. 城市规划通讯，2018（9）：17.

续表

导则名称		引导内容
步行交通	步行道	规定新加坡河滨河步道设计要求
	地下步行连廊	鼓励乌节路和 CBD 地区建筑间地下连廊建设
	市区有顶和户外步行道设计	指导市区有顶和开放步行道设计，分庆典路线和遗产路线规定地铺材料等
	城市阳台	定义城市阳台，图则化规定了城市阳台的结构、规模和设计材料等
	二层连廊	定义二层连廊，图则化规定了二层连廊的位置、结构、设计等
	一层连廊	定义一层连廊，图则化规定了一层连廊的位置、结构、设计等
	地铁通廊	规定加建与改建过程中加设地铁通廊并图则化规定了地铁通廊位置
	建筑边缘	规定乌节路上的建筑要遵循统一的建筑边缘，40%的建筑立面要形成衔接，创造多样的空间和建筑立面
	活力激发	规定建筑底层商用特征和具体形式
	乌节路城市设计及导则	针对乌节路地区对空中连廊、城市阳台、立面衔接等进行导则修订
照明系统	夜间照明总体规划	各区域的照明设计方式和光温要求
	建筑照明条款	列表规定了不同建筑类型、景观类型的照明申请细则
户外美观及商业活力	中心区户外标识	规定了市中心区建筑广告招牌等多种户外标识的安放位置和设计形式
	户外零售亭和餐饮区	规定户外零售亭和餐饮区的规模、位置、结构和铺装形式等
设施遮蔽	机电服务设施及停车遮蔽	图则化规定屋顶机电服务设施的遮蔽设计细节，以及地面层以上的停泊位的遮蔽形式
政策激励	艺术奖励	奖励开发商获得额外的建筑计算面积来开发公共空间艺术，规定了相关适用地区和计算方式以及艺术品的申请条件
	照明奖励	通过现金奖励和建筑计算面积奖励，鼓励开发商提供外部夜间照明，规定照明范围和激励条件
	景观替代面积	定义景观替代面积、计算方式及种植要求及树种参考等
	地下步行连廊现金激励	规定申请连廊奖励基金的申请条件和连廊位置、规模和功能
公示法定机构	乌节路开发委员会	公示乌节路开发委员会的机构组成
修订申请程序	开发电子申请变更	针对四个相关开发激励设置新的电子申请程序

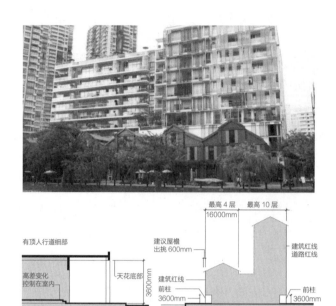

图 6-3-16　新加坡河建筑围层控制和有顶步道围层控制

资料来源：陈可石，傅一程．新加坡城市设计导则对我国设计控制的启示 [J].
现代城市研究，2013（12）：42-48，67.

新加坡城市设计导则承担了控制引导城市形态、审核相关设计方案、管理开发申报等作用，将开发控制与设计控制合为一体，既具有法定强制的特征，同时设有多种激励政策，控制方式刚柔并济[①]。

6.4　国内优秀城市设计管控经验

6.4.1　北京城市设计管控经验

1. 涉及城市设计的条文规定

《北京市城乡规划条例》第二十二条规定：区、县人民政府或者市规划行政主管部门可以依据控制性详细规划组织编制重点地区的修建性详细规划和城市设计导则，指导建设（图 6-4-1）。

2. 城市设计导则依托控规赋予法定地位

北京现行规划管理以控规为直接依据，分层次管理即根据地区不同时段的建设要求，将传统控规分为街区、地块两个层面。街区层面控规以总量控制为主，地块层面控规确定地块具体指标，城市设计导则依托街区层面控规，一般与地块层面控规同步编制，主要关注公共空间的细节化和人性化设计（图 6-4-2）。

---

① 傅一程．规矩成就方圆：新加坡城市设计导则 [J]. 城市规划通讯，2018（9）：17.

法规　《北京市城乡规划条例》（2009 年）

规范标准　《北京地区建设工程规划设计通则》（2003 年）
《关于编制北京城市设计导则指导意见》（2010 年）

技术指引　《北京西城街区整理城市设计导则》
《北京市城市设计导则》
《北京中心城区城市设计导则》

图 6-4-1　北京市城市设计导则管控层级

资料来源：作者整理自绘.

3. 北京市西城区街道设计导则[①]

特色化的分区管控方式：根据街道风貌特征、街道性质、管理要求进行分类，分为一般建成区、传统风貌区和特殊街道，不同类型的街道进行不同的规划指引，具体问题具体分析，使街道设计导则更加严谨、科学。

创新化的街道空间分类模式：运用柯林·弗雷德里克·罗（Colin Frederick Rowe）拼贴城市的图底分析、罗伯特·克里尔的空间类型分析以及克里斯托弗·亚历山大（Christopher Alexander）的模式语言，创造性地提出了街道空间的构成要素，对街道空间进行分类。一般建成区根据建筑、公共空间、绿化、隔断、人行道、行道树、出入口之间的关系，把现状类型主要概括为九大类。传统风貌区的街道包括两个层面，水平街道空间（胡同）及沿街建筑界面。水平街道空间以胡同等级分为 4 类：3m 以下、3~5m、5~7m 及 7m 以上。沿街建筑界面以除文物、优秀近现代建筑、保护类建筑之外的街道建筑界面的屋顶形式、建筑风格为依据，将建筑界面分为七大类，基本涵盖了现状建筑界面类型，然后在七大类的基础上，按照建筑层数、使用功能、建筑布局进行细分。特色街道不在本次导则指引的范围内，属于需单独设计、重点管控的街道[①]。总则与分则相结合，使街道设计指引更加全面精确，有针对性。总则部分提出宜人、生态、绿色、智慧、文化、艺术、景观作为整个西城街道设计中所遵循的基本原则和愿景目标，形成城市街道设计理念和价值导向，并用以指导具体的相关工作和建设。分则部分：一般建成区和传统建成区分区设计（图 6-4-3），指出各分区街道的特色和未来发展的方向。然后针对一般建成区和传统风貌区不同街道空间类型和建筑界面类型提出相应的分区、分类设计引导[②]（图 6-4-4）。

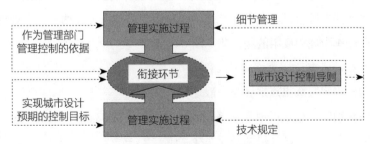

图 6-4-2　北京市城市设计导则运作

资料来源：北京市城市设计导则 [Z].

① 郭顺 . 国内外大都市建成区街道设计导则的比较研究 [D]. 北京：北京建筑大学，2018.

② 北京市西城规划分局，北京建筑大学建筑与城市规划学院 . 北京西城街区整理城市设计导则 [M]. 北京：中国建筑工业出版社，2018.

图 6-4-3　一般建成区街道空间要素

资料来源：北京市规划和国土资源管理委员会规划西城分局，北京建筑大学建筑与城市规划学院.
北京西城街区整理城市设计导则 [M]. 北京：中国建筑工业出版社，2017.

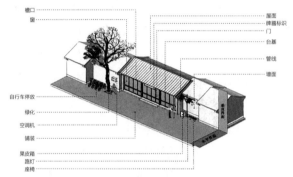

图 6-4-4　传统风貌区街道空间要素

资料来源：北京市规划和国土资源管理委员会规划西城分局，北京建筑大学建筑与城市规划学院.
北京西城街区整理城市设计导则 [M]. 北京：中国建筑工业出版社，2017.

6.4.2　上海城市设计管控经验

1. 涉及城市设计的条文规定

《上海市城市规划条例》第十七条规定：对规划区域内的建筑、公共空间的形态、布局和景观控制要求需要作出特别规定的，在编制或者修改控制性详细规划时，规划行政管理部门应当组织编制城市设计。城市设计的内容应当纳入控制性详细规划。由此明确提出城市设计成果在控规中的应用，将城市设计纳入城乡规划体系中，实现城市设计作为规划成果的法定化（图 6-4-5）。

2. 全过程的城市设计管控协调流程

总规阶段确定三级重点地区与一般地区：市域层次确定一级重点地区（核心地区）与二级重点地区；区县层面补充二级重点地区，确定三级重点地区。控规阶段对"五类三级"重点地区进行管控。建管阶段重点地区落实上位管控要求，一般地区进行通则式管控。

图 6-4-5　上海城市设计导则管控层级

资料来源：作者整理自绘.

3. 重点地区：控规编制需制定附加图则

重点地区控规编制需制定附加图则，根据图则和各类导则提出规划设计要求并纳入土地出让合同。对功能、空间、形态等各主要系统进行城市设计管控与引导要求（表6-4-1）。

附加图则控制指标一览表　　　　表 6-4-1

分类		公共活动中心区			历史风貌地区			重要滨水区与风景区		交通枢纽地区		
控制指标	分级	一级	二级	三级	一级	二级	三级	一级	二/三级	一级	二级	三级
建筑形态	建筑高度	●	●	●	●	●	●	●	●	●	●	●
	屋顶形式	○	○	○	●	●	●	○	○	○	○	○
	建筑材质	○	○	○	●	●	●	○	○	○	○	○
	建筑色彩	○	○	○	●	●	●	○	○	○	○	○
	连通道 ★	●	●	●	○	○	○	○	○	●	●	●
	骑楼 ★	●	●	●	○	○	○	○	○	○	○	○
	标志性建筑位置 ★	●	●	●	○	○	○	●	●	○	○	○
	建筑保护与更新	○	○	○	●	●	●	○	○	○	○	○
公共空间	建筑控制线	●	●	●	●	●	●	●	●	●	●	●
	贴线率	●	●	●	●	●	●	○	○	●	●	●
	公共通道 ★	●	●	●	○	○	○	○	○	●	●	●
	地块内部广场范围 ★	●	●	●	○	○	○	○	○	○	○	○
	建筑密度	○	○	○	●	●	●	○	○	○	○	○
	滨水岸线形式 ★	●	○	○	○	○	○	●	●	○	○	○
道路交通	机动车出入口	●	●	●	○	○	○	○	○	●	●	●
	公共停车位	●	●	●	○	○	○	○	○	●	●	●
	特殊道路断面形式 ★	●	○	○	○	○	○	○	○	○	○	○
	慢行交通优先区 ★	●	●	●	○	○	○	○	○	●	●	●
地下空间	地下空间建设范围	●	●	○	○	○	○	●	●	●	●	●
	开发深度与分层	●	●	○	○	○	○	○	○	●	●	●
	地下建筑主导功能	●	●	○	○	○	○	○	○	●	●	●
	地下建筑量	●	○	○	○	○	○	○	○	●	●	●
	地下连通道	●	●	○	○	○	○	●	●	●	●	●
	下沉式广场位置 ★	●	○	○	○	○	○	○	○	●	●	●
生态环境	绿地率	○	○	○	○	○	○	●	●	○	○	○
	地块内部绿化范围 ★	●	○	○	●	○	○	○	○	○	○	○
	生态廊道 ★	○	○	○	○	○	○	●	○	○	○	○
	地块水面率 ★	○	○	○	○	○	○	●	○	○	○	○

注：①"●"为必选控制指标；"○"为可选控制指标。②带"★"的控制指标仅在城市设计区域出现该种空间要素时进行控制。

资料来源：上海市控制性详细规划技术细则（2016年修订版）[Z].

4. 一般地区：分类引导，通则式管理

《上海市城市设计（建管）导则》以导控核、导控带和导控区的形式，提出针对一般地区的普适性、通则式设计与管控要求。其特点是管控要素全面，对城市各类特征区域提出针对性管控要求，体现城市特色。

5.《上海市街道设计导则》

《上海市街道设计导则》将引导要素分为交通功能设施、步行与活动空间、附属功能设施和沿街建筑界面四大类。其综合了两种引导方式。一是，以安全、绿色、活力、智慧为四大导向提出具体设计要求，按照"导向—目标—导引—措施"四个层次展开，导向之下形成若干目标，目标之下提出若干导引，再辅以措施及案例进行说明。二是，明确了街道设计的基本原则，及不同交通参与者的行为特征与需求，针对各类街道的活动特点形成差异化设计建议，提出道路断面、街道平面及交叉口的推荐设计。例如，中山东一路的改造，在"慢行优先"的目标指导下，从控制机动车道规模来增加慢行空间。改造前为双向 10 车道，人行空间较窄，难以满足行人活动的需求，改造是在外滩地下建设一条双向 6 车道的快速通道，将地面原 11 车道缩减为 4 条车道与 2 条临时停车道，人行道由 2.5~9m 拓宽到 10~15m（图 6-4-6）①。

该导则还采用了海绵街道的设计指引，人行道鼓励采用透水铺装，非机动车道和机动车道可采用透水沥青路面或透水水泥混凝土路面。鼓励沿街设置下沉式绿地、植草沟、雨水湿地对雨水进行调蓄、净化与利用。空间较为充裕的街道，可进行雨水收集与景观一体化设计（图 6-4-7）。

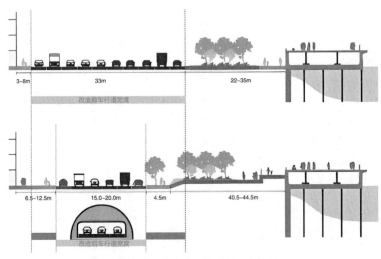

图 6-4-6　中山东一路改造前后对比

资料来源：上海市规划和国土资源管理局 . 上海市街道设计导则（公示稿）[Z]. 2016.

上凸式绿地增加了司机的视觉绿色范围，
但雨水易斜流至路面，无法让雨水滞留

下凹式绿地无法提供司机相同的视觉绿色范围，
但雨水可以直接渗透至地下或滞留于雨水花园

图 6-4-7　海绵街道设计指引

资料来源：上海市规划和国土资源管理局．上海市街道设计导则（公示稿）[Z]．2016.

6.4.3　广州城市设计管控经验

1. 涉及城市设计的条文规定

《广州市城乡规划条例》（2015 年）第十八条规定：城市总体规划层次的城市设计，应当按照城市总体规划的专项规划的审批程序执行。分区规划、详细规划层次的城市设计，可以按照分区规划、详细规划的审批程序执行，或者纳入分区规划、详细规划一并审批。城市设计对建筑、公共空间的形态、布局和景观控制提出的规划管理要求，应当纳入分区规划、详细规划（图 6-4-8、表 6-4-2）。

广州市总体城市设计管控体系表　　　　　表 6-4-2

工作任务	具体项目	牵头单位
完善顶层设计，建立各方共识制度基础	广州市城市设计导则编制技术规程	市国规委
	广州市城市设计导则管理规定	市国规委
	广州市城市生态控制线划定	市国规委
	广州市开发强度管控体系构建及分区划定	市国规委
	关于加强建筑景观设计工作的指导意见	市国规委
	广州市城市道路全要素设计手册	市住建委
	广州市户外广告专项规划（2016—2020 年）	市城管委
总体城市设计	广州市户外广告和招牌设置技术规范（2016—2020 年）	市城管委
	广州总体城市设计	市国规委
	广州市城市设计导则	市国规委
	广州城市风貌地图	市国规委
多点支撑	琶洲 A 区城市设计控规优化	市国规委
	白云新城地区城市设计优化	市国规委
	黄埔临港经济区核心城市设计深化及控制性详细规划	市国规委
	广州南站周边地区规划修编	市国规委
	广州塔地区城市设计及控制性详细规划	市国规委
	广州国际金融城其他区域城市设计及控规优化	市国规委
	广州第二中央商务区前期城市设计	市国规委
	琶洲中东区＋黄浦涌沿线城市设计及控规优化	市国规委

续表

工作任务	具体项目	牵头单位
多点支撑	海珠湾（沥滘片区）城市设计及控制性详细规划	海珠区政府
	海珠湖周边地区城市设计	海珠区政府
树立国际视野，多项制度强化技术支撑	建立专家顾问库	市国规委
	成立广州市地区规划及城市设计专业委员会	市国规委

资料来源：广州市总体城市设计（2017 年）[Z].

2. 实施"三大层级"城市设计管控

《广州市城市设计导则》（2019 年）将城市设计划分为总体城市、重点地区、地块城市设计导控三大层级，分级分类分要素进行自上而下的层级管控。

3. 总体城市设计

《广州市总体城市设计》（2017 年）将广州划分为"五边四廊四区"，分别

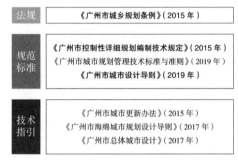

图 6-4-8 广州市城市设计导则管控层级
资料来源：作者整理自绘.

从广州现状与发展愿景、城市特色风貌、山海田园自然空间、卓越繁荣的品质都市、开放包容的文化都会、全球活力的交互之港六个方面进行规划，同时鼓励做有底线的城市设计。

4. 重点地区城市设计：创新性引入地区总师制度

由市统筹建立专家顾问库与成立广州地区规划及城市设计专业委员会把控重点地区城市设计。广州国际金融城、琶洲新区等通过创新性地引入地区总设计师（规划师）制度把控城市设计质量。总师工作贯穿规划编制和规划实施，承担规划编制到管理中协调、答疑、服务和技术审查等工作（图 6-4-9）。总师制度是对以往图式规划管理的重要补充，使得规划能全过程得到贯彻落实[1]。

此外，总师团队通过编制有效的规划管理单元图则以及城市设计图则进一步细化与落实重点地区城市设计（图 6-4-10、图 6-4-11）。通过规范用地性质、控制空间形态、指导城市风貌等措施合理管控重点地区。

5. 地块城市设计：构建试点先行先试

一般地区城市设计通过市政府统筹，区政府落实设定试点进行具体的如微改造、绿化景观、河涌治理、违建查处、交通优化、试点宣传等系列工作。同时由市级层面出台重点地区、城市重要景观视廊、城市高度引导政策，指导区一级政府进行具体贯彻落实。

---

① 刘利雄，王世福. 城市设计顾问总师制度实践探索：以广州国际金融城为例 [J]. 城市发展研究，2019，26（8）：13–17.

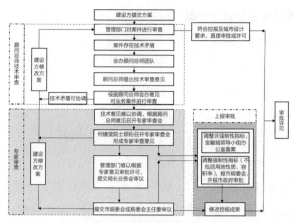

图 6-4-9 广州国际金融城城市设计顾问总师工作机制

资料来源：刘利雄，王世福．城市设计顾问总师制度实践探索：以广州国际金融城为例 [J]．
城市发展研究，2019，26（8）：13-17.

图 6-4-10 广州琶洲西区（A区）规划管理单元图则

资料来源：华南理工大学建筑设计研究院有限公司．广州市琶洲西区管理文件（送审稿）[Z]. 2016.

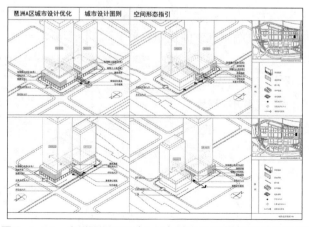

图 6-4-11 广州琶洲西区（A区）城市设计空间形态指引图则

资料来源：华南理工大学建筑设计研究院有限公司．广州市琶洲西区管理文件（送审稿）[Z]. 2016.

6.4.4　深圳城市设计管控经验

1.涉及城市设计的条文规定

《深圳市城市规划条例》第二十九条规定：城市设计分为整体城市设计和局部城市设计。城市设计应贯穿于城市规划各阶段。

第三十二条规定：整体城市设计的主要成果是城市设计导则，对城市设计各方面提出原则性意见和指导性建议，指导下一层次的城市设计。

2.深圳编制了首部城市设计标准与准则

《深圳市城市设计标准与准则》（2009年）从总体控制、道路交通、空间控制、地块控制和街道整治五个方面对深圳历年的城市设计管控经验进行梳理，形成具有深圳特色、符合深圳实际需求的城市设计技术标准文件。但缺乏对城市特色的表达和对城市重点地区特殊要素的关注（图6-4-12、图6-4-13）。

3.将城市设计控制内容纳入《深圳市城市规划标准与准则》

2013年版《深圳市城市规划标准与准则》首次对城市设计控制要素进行系统的梳理，针对《深圳市城市设计标准与准则》的运行情况，以通则式管理的方式，选择性地纳入原设计控制的内容。在《深圳市法定图则编制技术规定》（2014年）中明确规定了在法定图则的控制文本中应有城市设计的控制内容。

4.深圳市步行和自行车交通系统规划设计导则

为实现深圳建设"低碳生态示范市"的目标，促进城市可持续发展，鼓励绿色出行方式，提升步行和自行车交通系统的规划建设水平和出行环境，该导则从步行交通网络、步行交通空间、步行交通环境、步行交通接驳、自行车道网络布局、自行车道设

图6-4-12　深圳市城市设计导则管控层级
资料来源：作者整理自绘.

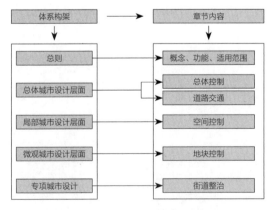

图6-4-13　《深圳市城市设计标准与准则》研究框架
资料来源：深圳市规划局，深圳市城市规划设计研究院.深圳市城市设计标准与准则 [S]. 2009.

图例 ■生态休闲步行区域 ■核心步行片区 ■重要步行片区 □一般步行片区

图6-4-14 核心步行片区和重要步行片区分布图

资料来源：深圳市规划和国土资源委员会.深圳市步行和
自行车交通系统规划设计导则（2013）[Z].2013.

置宽度和形式、自行车停放设施、公共自行车系统等进行详细指引。如根据不同类
型步行活动特征、行车交通，进行分类分区，并分别设置控制要求。如根据不同类
型步行活动特征及其对设施需求的特点，将城市建设和非建设区域划分为生态休闲
步行区和都市生活步行区。又根据步行交通集聚度、交通设施条件、地区功能定位
及其对外吸引力等因素，将都市生活步行区域划分等级（图6-4-14）。在自行车交
通中，按照所承担功能和自行车交通出行强度的不同，将自行车道划分为主廊道、
连通道、休闲道三个等级（图6-4-15）。以分类分级为基础，有针对性地进行设计
控制，并配图示意（图6-4-16）。

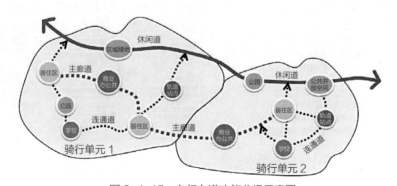

图6-4-15 自行车道功能分级示意图

资料来源：深圳市规划和国土资源委员会.深圳市步行和
自行车交通系统规划设计导则（2013）[Z].2013.

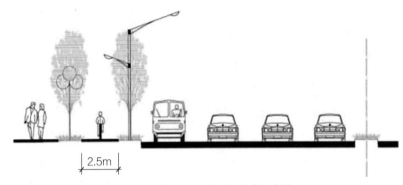

图 6-4-16　连通道设置形式示意图

资料来源：深圳市规划和国土资源委员会．深圳市步行和
自行车交通系统规划设计导则（2013）[Z].2013.

6.4.5　天津城市设计管控经验

1.涉及城市设计的条文规定

天津要求城乡规划编制体现城市设计的要求，重点地区、重点项目制定城市设计导则，同时，在控规基础上增加《天津市城市设计导则管理暂行规定》《天津市土地细分导则管理暂行规定》（图 6-4-17）。

2.创设"一个控规、两个导则"管控体系

以城市设计引领，将其转化为土地细分导则和城市设计导则，再提炼出控规的控制要求。逐步构建"总量控制，分层编制，分级审批，动态维护"的总体思路。通过控制性详细规划、土地细分导则、城市设计导则的有机结合、协同运作，提高控规的兼容性、弹性和适应性（图 6-4-18）。

控制性详细规划是综合管理，"粗化"了传统控规编制内容，将规划控制指标由具体地块平衡转化为规划单元整体平衡。土地细分导则是平面管理，城市用地的直

图 6-4-17　天津市城市设计导则管控层级

资料来源：作者整理自绘．

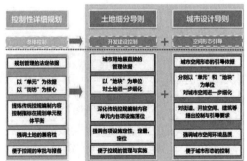

图 6-4-18　天津市"一个控规、两个导则"
规划管理体系

资料来源：沈磊，沈佶．运用城市设计彰显城市特色：天津城市设计的探索、实践与思考 [J]．城乡建设，2016（8）：51-54.

接规划管理依据，具有强制性，在控规基础上对单元内地块进行深化和细化。城市设计导则是立体管理，对城市空间形象进行统一塑造的管理通则，指导性较强，是在控规基础上对空间形态进行深化和细化。编制专项控制导则，形成管理技术规范。

3.《天津市规划建筑控制导则汇编》

指南的控制引导内容在整合已有的城市设计基础上进行，而城市设计所关注的城市三维空间是一个复杂广博的领域，其中不少设计要素的概念相对模糊，不同城市设计对其的理解表述也不同，特别在面对地区的发展阶段以及建设需求的不同时间，城市设计的内容更是千差万别。但为了给公众、设计者、管理者以及开发者提供一个易于理解操作的技术平台，提高工作效率，本指南通过对各类城市设计要素化繁为简的归纳，以天津的城市特色为依据，经过多轮的专家讨论与修改，最终确定了八项公认对建设环境影响最突出、在方案审查中经常被讨论的要素作为引导的核心内容进行详细阐述。

八类要素又结合项目审批的主要环节，被分为三个大类，即规划设计指南、建筑设计指南和设施设计指南（图6-4-19）。规划设计指南主要针对的是修建性详细规划环节，主要对建设片区的整体空间形态和建筑风格进行引导，其引导的要素包括建筑特色、建筑色彩与建筑高度（图6-4-20）三类。建筑设计指南则是在修建性规划基础上的建筑设计环节，其引导的要素包括建筑顶部、高层建筑玻璃幕墙、建筑围墙三类。设施设计指南主要针对公益环境设施以及店面的招牌、匾两类要素进行。

6.4.6　珠海城市设计管控经验

1. 涉及城市设计的条文规定

上层次城市设计划定的重要地区和重要地块，应基于《珠海市城市设计标准与准则》单独编制重要地区（地块）城市设计，并依据重要地区（地块）城市设计导则进行管理。

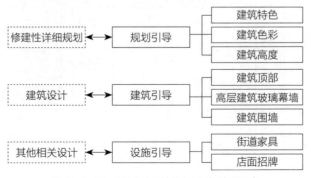

图6-4-19　导则引导结构的八类引导要素

资料来源：天津市规划建筑控制导则汇编 [Z].

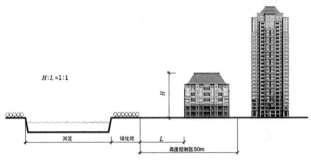

1. 主要河流沿线高度控制：
1.1 沿河流绿化控制线或道路红线外侧50m用地的范围，作为河流两侧高度控制区，除满足规划及防洪退线外还需要进行建筑高度控制。
1.2 在河流两侧高度控制区内的建设项目，按 $H:L=1:1$ 的关系确定建筑檐口高度（L：建筑退绿化或道路的宽度）。

图 6-4-20　导则中主要河流沿线高度控制
资料来源：天津市规划建筑控制导则汇编 [Z].

2. 珠海横琴一体化地区核心区城市设计导则

珠海横琴一体化地区作为未来珠海新中心，粤港澳大湾区高端服务要素汇聚的桥头堡，是大湾区增量在珠海的释放。珠海一体化区域城市设计导则包括了整体城市设计导则、分区城市设计导则、城市设计导则示范样本三大部分内容。

整体城市设计导则包括文本和说明书，其中提出七个目标层与对应系统设计，以法规条文格式直接表述城市设计的目标和内容，提出强制性要求和指导性意见。说明书是对文本内容的解释说明，为规划设计导则的审查、批准和规划管理提供帮助（图 6-4-21）。

分区城市设计导则中包括一般地区和重点地区。一般地区城市设计导则将整体城市设计中提出的设计要求依据目标层与系统层罗列要素，指导规划范围内一般地区的城市设计。重点地区城市设计导则同样依据目标层与系统层罗列要素，对重点

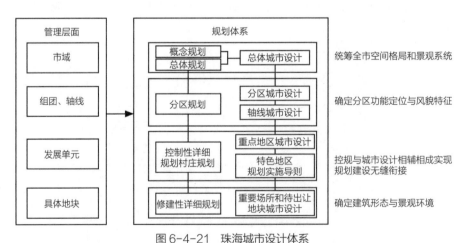

图 6-4-21　珠海城市设计体系
资料来源：章征涛，陈德绩. 珠海市城市设计历程与实施途径 [J].
规划师，2018，34（3）：40-46.

地区提出城市设计条件，并绘制管理图则进行管控指引（图6-4-22）。

城市设计导则示范样本是选取建筑地块和景观地块，作修建性详细规划图则示范，提出城市设计导则深度的重点地块示范性样本，并提出可以直接落实用地出让条件的城市设计条件。依据已编制的修建性详细规划示范样本，编制地块的建筑设计概念方案及景观设计概念方案（图6-4-23、图6-4-24）。

3. 导则特色

（1）构建"目标层—系统层—要素层"的管控体系。依据城市设计总目标提出七个分目标；依据分目标提出对应管控系统，指向整体的控制；依据系统罗列管控要素，对应指向地区的控制。

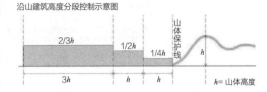

沿山建筑高度分段控制示意图

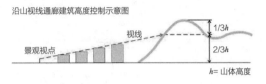

沿山视线通廊建筑高度控制示意图

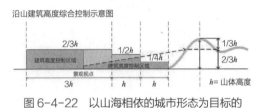

沿山建筑高度综合控制示意图

图6-4-22 以山海相依的城市形态为目标的山水通廊管控

资料来源：珠海横琴一体化地区的整体城市设计导则 [Z].

（2）区分公共投资管控与引导企业管控。公共投资管控侧重城市空间系统性的建构，引导政府通过公共投资建设优化城市环境；引导企业管控通过对企业开发行为进行设定，引导企业建设以达到城市设计目标。

（3）区分一般地区与重点地区进行管控。重点地区根据规划的功能结构划分为14个街区，以便于开发者了解地块周边的环境；一般地区以控规管理单元为目标进行引导，对接控规。

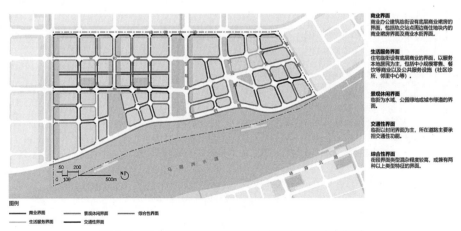

图6-4-23 街道与交通空间要素中街道界面分类指引

资料来源：珠海横琴一体化地区核心区城市设计导则 [Z].

A204a032402、A204a0327 地块出让规划设计条件：

二、城市规划设计要求

1. 强制性设计要求

（1）建筑退让除须满足图中标注的退让距离，方案设计还须满足《一体化发展区域建筑工程规划管理技术标准创新规定》（2018 年版）、《珠海市城市规划技术标准与准则》（2017 年版）要求。与周边建筑间距应同时满足有关日照标准等规定。

（2）南北向沿中央公园为城市重要的景观通廊，塔楼位置靠西侧布置，且第一层级建筑高度应低于 24m，以保证中央公园开放舒展的空间效果，地块靠近中央公园一侧应与绿地景观形成有机联系，保证建筑的前场空间和公共活动空间的关联性更强、互动性更多。

（3）地块致力于建设舒适便捷的城市慢行系统，满足"晴天不打伞，雨天不湿鞋"的出行需求，A204a032402 地块北侧和东侧、A204a0327 地块南侧和东侧的首层建筑应采用骑楼形式。同时，南北向强制增设二层连廊连接各地块商业裙房，其距离地面的净高不小于 5m，连廊宽度不小于 6m。

（4）在南北两地块交界处设置一处慢行交通优先区，一方面，作为周边街区面，根据行人和车辆在不同时段对道路的需求不同这一特征，充分利用道路资源并不改变道路表面材料铺装及划分，实现灵活管理。慢行交通优先区内不应设置任何形式的实体围墙。

（5）建筑形态与风格应结合本土文脉和岭南气候特征，建设国际化的精致建筑立面，立面窗墙比不大于 75%，骑楼须体现南欧风情和本土文化的元素。建筑色彩控制总体以"亮丽柔和、清新雅致"为原则。高层部分基调色控制在低彩度、高明度的白色基调中，低层部分多由近人尺度观看，建筑色彩应丰富明快，考虑曲线元素的应用。

2. 鼓励性设计要求

（1）鼓励空中连廊与建筑屋顶花园相接。根据绿色补偿原则，鼓励打造立体的绿化生态空间，包含地面绿化、地下室顶部绿化、屋顶绿化、外墙绿化、架空层及室内绿化、围墙绿化等。

（2）鼓励裙楼面向中央公园的立面作为建筑重点界面处理。

（3）鼓励在 A204a032402 地块跨宝泰路设置步行天桥，完善便捷、有遮阳避雨设施的步行街接设施。步行天桥的起点和终点宜与周边建筑进行联通。

（4）鼓励透水性铺装和无障碍设计。

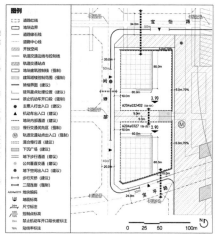

图 6-4-24　建筑地块图则示范

资料来源：珠海横琴一体化地区的重点地区城市设计导则 [Z].